AF332100

CONFÉRENCE INTERNATIONALE

POUR

L'ÉTUDE DES ÉPIZOOTIES

RÉUNIE À PARIS DU 25 AU 28 MAI 1921

[illegible]

[illegible]

[illegible]

[illegible]

CONFÉRENCE INTERNATIONALE

POUR

L'ÉTUDE DES ÉPIZOOTIES

PARIS, 1921.

I. PRÉPARATION DE LA CONFÉRENCE.

Par une lettre datée du 1ᵉʳ octobre 1920, M. Ricard, Ministre de l'Agriculture, faisait part à M. le Ministre des Affaires étrangères de son intention de provoquer la réunion, à Paris, d'une Conférence internationale pour la prophylaxie et l'étude des épizooties.

Les motifs et les buts de cette réunion étaient précisés dans les termes suivants :

« Il est indispensable, dans les circonstances actuelles, qu'une action commune soit exercée dans la police sanitaire des maladies contagieuses des animaux.

« Le déséquilibre économique causé par la guerre et l'immense effort de reconstitution qui s'opère dans le monde ont pour conséquence d'intensifier les échanges. Des animaux sont transportés en grand nombre, à des distances considérables, pour le ravitaillement en viande ou pour l'élevage.

« Ce ne sont plus seulement l'Europe et l'Amérique qui y participent, mais les États et les Colonies de toutes les parties du Monde.

« Il en résulte que chaque pays doit se préoccuper désormais, non seulement de la situation sanitaire de ses voisins immédiats, mais de celle du monde entier.

« Or, la documentation fournie à cet égard, par des statistiques irrégulièrement publiées par quelques États seulement, est tout à fait insuffisante.

« Un exemple récent, celui de l'invasion de la Belgique par la peste bovine, montre les dangers de cet isolement des nations, incessamment menacées et exposées à de véritables désastres par des importations dangereuses d'animaux ou de matières animales.

« Toutes les nations ont un intérêt essentiel à être renseignées exactement et à tous les instants sur la répartition des maladies épizootiques.

« D'autre part, l'étude des mesures prophylactiques, poursuivie indépendamment dans les divers pays, serait singulièrement facilitée et rendue plus fructueuse si une coordination préétablie entre les instituts ou les chercheurs isolés leur permettait d'échanger leurs vues et leurs résultats, de coordonner et discipliner leurs recherches. De même, les méthodes de prophylaxie utilisées par les divers États gagneraient à être étudiées en commun et la comparaison de leurs résultats permettrait d'utiles constatations.

« J'ajoute que ces questions intéressent l'hygiène publique, en raison de la transmission à l'homme de certaines des maladies animales.

« Il me paraît nécessaire qu'elles soient examinées par une Conférence, qui devrait se réunir à Paris le plus prochainement possible et dont le programme serait le suivant :

« 1° Institution d'une Conférence internationale annuelle pour l'étude des maladies épizootiques et de leur prophylaxie;

« 2° Création d'un Bureau international permanent des Épizooties, ayant pour mission :

« *a*) De centraliser et de publier rapidement tous les renseignements sur la répartition des maladies épizootiques;

« *b*) De recueillir tous les documents relatifs à l'étude des mêmes maladies; de suivre et de provoquer les recherches les concernant;

« *c*) De recueillir les résultats des diverses méthodes de la prophylaxie (systèmes sanitaires, méthodes d'immunisation);

« *d*) De préparer les travaux de la Conférence annuelle par l'étude préalable de toutes les questions portées à son ordre du jour ».

Une invitation fut transmise au nom du Gouvernement français à tous les pays étrangers, la date de la Conférence étant fixée au 25 mai 1921.

LISTE DES ÉTATS

AYANT ADHÉRÉ À LA CONFÉRENCE INTERNATIONALE

POUR L'ÉTUDE DES ÉPIZOOTIES.

ALLEMAGNE.	ITALIE.
AMÉRIQUE (États-Unis de l').	JAPON.
ARGENTINE.	LUXEMBOURG.
AUTRICHE.	MAROC.
BELGIQUE.	MONACO.
BOLIVIE.	NICARAGUA.
BRÉSIL.	NORVÈGE.
BULGARIE.	PARAGUAY.
CHILI.	PAYS-BAS.
DANEMARK.	PÉROU.
RÉPUBLIQUE DOMINICAINE.	POLOGNE.
ÉQUATEUR.	PORTUGAL.
ESPAGNE.	ROUMANIE.
FINLANDE.	ROYAUME DES SERBES, CROATES ET SLO-VÈNES.
GRANDE-BRETAGNE, IRLANDE, CANADA, AFRIQUE DU SUD, AUSTRALIE, INDE, NOUVELLE-ZÉLANDE.	SUÈDE.
GRÈCE.	SUISSE.
HAÏTI.	TCHÉCO-SLOVAQUIE.
HONGRIE.	TUNISIE.
	VÉNÉZUELA.

II. PROCÈS-VERBAUX DE LA CONFÉRENCE.

(COMPTE RENDU STÉNOGRAPHIQUE).

PREMIÈRE SÉANCE PLÉNIÈRE

MERCREDI 25 MAI 1921.

PRÉSIDENCE DE M. LEFEBVRE DU PREŸ

Ministre de l'Agriculture.

La séance est ouverte à 15 heures.

M. LE PRÉSIDENT. Messieurs, j'ai le grand honneur de déclarer ouverte la première séance de la Conférence internationale pour l'étude des épizooties. Je remercie, au nom du Gouvernement français, les quarante-trois Pays qui ont bien voulu répondre à son invitation et s'y faire représenter.

Vous avez compris, Messieurs, les motifs qui ont inspiré mon distingué prédécesseur, M. Ricard, lorsque, au mois d'octobre dernier, il saisissait le Gouvernement de la République de son idée d'échanger entre toutes les Puissances les vues nécessaires à la lutte contre ce fléau si redoutable pour la vie des peuples que sont les épizooties.

De plus en plus, il est démontré que le développement du cheptel est devenu l'un des éléments essentiels de la vie et de la prospérité des nations ; il est donc indispensable que, non seulement dans l'intérieur de chaque nation, mais aussi dans les relations qui s'établissent entre les différents peuples, dans les échanges indispensables d'animaux, soit pour l'amélioration des races, soit pour les autres destinations économiques, un contrôle sanitaire efficace soit exercé qui permette de découvrir aussitôt, de détruire ou d'isoler tout foyer de contagion qui vient à se manifester.

Vous avez compris l'intérêt immense de cette question et c'est pourquoi vous êtes venus, au nom de vos Gouvernements, prendre part à ce Congrès.

Quel sera l'ordre de vos travaux ? Quel sera le but que vous aurez à atteindre ?

Vous aurez d'abord à échanger loyalement, chaque État conservant toute son indépendance, les connaissances que vous possédez déjà. Dans certains États, la lutte contre les épizooties a pris un développement plus grand ; la science y a été plus développée, les connaissances y sont plus précises, les résultats acquis y sont plus plus positifs. En mettant en commun les connaissances que chacun des États possède, vous apporterez une contribution qui sera profitable à tous.

Ce ne sont plus seulement des méthodes de police sanitaire qui sont utilisées dans la prophylaxie des maladies contagieuses. Les procédés d'immunisation, limités autrefois à quelques maladies seulement, sont devenus depuis Pasteur d'une application courante, et, dans cette voie, des progrès indéfinis peuvent encore être réalisés.

Vous aurez à comparer les résultats obtenus, en tenant compte des conditions diverses de l'intervention, à constater l'insuffisance des moyens dont on dispose à l'heure actuelle, à provoquer de nouvelles recherches destinées à compléter nos systèmes de défense contre la maladie.

Ensuite, et ce sera la seconde partie de votre tâche, vous aurez à examiner quels moyens d'entente pourront être établis entre les différentes nations, de façon qu'une action concertée de police sanitaire générale puisse être réalisée; que des mesures communes soient librement consenties pour éviter que des affections localisées à certaines contrées puissent atteindre, parfois à de très lointaines distances, des pays indemnes. La récente incursion de la peste bovine dans l'Europe occidentale montre que telles circonstances peuvent être réalisées qui déconcertent les prévisions optimistes les plus solidement établies.

Voilà, messieurs, la haute tâche à laquelle le Gouvernement de la République vous a conviés.

Encore une fois, il vous remercie d'avoir répondu avec tant d'empressement à son appel. Il est persuadé, étant donnée la haute valeur des délégués envoyés par chacun des États, que le résultat de votre travail comptera dans les annales de la science. (*Vifs applaudissements.*)

Je donne la parole à M. Leclainche pour donner lecture des noms des délégués des États représentés à la Conférence.

M. Leclainche. 43 nations, États ou Dominions, ont envoyé des représentants à cette Conférence.

Ces délégués sont :

Pour l'ALLEMAGNE.

M. le Dr Wehrle, Conseiller intime du Gouvernement, Directeur du département vétérinaire du Reichsgesundheitsamt.

M. le Professeur Dr von Ostertag, Conseiller du Ministère de l'Intérieur wurtembergeois.

M. Muessemeyer, du Ministère de l'Agriculture prussien, Conseiller du Gouvernement.

Pour l'AMÉRIQUE (États-Unis de).

M. le Dr Wray, Représentant du « Bureau of animal Industry » en Grande-Bretagne.

Pour la RÉPUBLIQUE ARGENTINE.

M. le Dr Annibal Fernandez Beyro, Chef de l'Inspection sanitaire à la Direction générale de l'Élevage.

Pour l'AUTRICHE.

M. Charles Kasper, Conseiller du Ministère fédéral de l'Agriculture.

Pour la BELGIQUE.

M. de Roo, Inspecteur général des Services vétérinaires au Ministère de l'Agriculture.

Pour le BRÉSIL.

M. le Dʳ Mariano CAMPOS, de la Direction de l'Agriculture.

Pour la BULGARIE.

M. le Dʳ DOUCHKOFF, Inspecteur général des Services vétérinaires au Ministère de l'Agriculture.

Pour le CHILI.

M. Maximilien IBANEZ, Ministre plénipotentiaire à Paris.

Pour le DANEMARK.

M. le Professeur JENSEN, de l'École supérieure d'agriculture et vétérinaire de Copenhague.

Pour la République de l'ÉQUATEUR.

M. le Dʳ CUEVA, Secrétaire de la légation à Paris.

Pour l'ESPAGNE.

M. SANTOS ARON SAN AGUSTIN, Inspecteur des Services sanitaires.

Pour la FINLANDE.

M. le Dʳ WAÏNO MARJANEN.

Pour la FRANCE.

M. MASSÉ, sénateur, ancien Ministre, Président du Comité consultatif des épizooties.
M. le Dʳ CALMETTE, Sous-Directeur de l'Institut Pasteur.
M. DASSONVILLE, Vétérinaire-inspecteur de l'armée.
M. LECLAINCHE, membre de l'Institut, Chef des Services vétérinaires au Ministère de l'Agriculture.
M. le Dʳ POTTEVIN, sénateur, membre du Comité consultatif des épizooties.
M. le Dʳ ROUX, membre de l'Institut, Directeur de l'Institut Pasteur.
M. Eugène ROUX, Directeur des Services sanitaires et scientifiques au Ministère de l'Agriculture.
M. VALLÉE, Directeur du Laboratoire de recherches des Services sanitaires.

Pour la GRANDE-BRETAGNE.

Sir STEWART STOCKMAN, Chief Veterinary Officer au Ministère de l'Agriculture.

Pour l'IRLANDE.

M. D. S. PRENTICE, Chief Veterinary Inspector au Ministère de l'Agriculture.

Pour l'AFRIQUE DU SUD (Union de).

Sir Arnold THEILER, Directeur des Recherches et des Services vétérinaires.

Pour l'AUSTRALIE.

M. C. C. Cherry, Membre du Haut Commissariat à Londres.

Pour le CANADA.

Sir Stewart Stockman.

Pour la NOUVELLE-ZÉLANDE.

M. Crabb, Veterinary Officer.

Pour la GRÈCE.

M. le Dr Georges Abt, Directeur de l'Institut Pasteur d'Athènes.

Pour la RÉPUBLIQUE D'HAÏTI.

M. Dantes Bellegarde, Ministre plénipotentiaire de la République à Paris.

Pour la HONGRIE.

M. le Dr Hutyra, Conseiller aulique, Recteur de l'École supérieure vétérinaire.

Pour l'ITALIE.

M. le Commandeur Lutrario, Directeur général de la Santé publique.
M. le Dr Bisanti, inspecteur général, Chef de la Division vétérinaire à la Direction générale de la Santé publique.

Pour le JAPON.

M. Muira Masajiro.

Pour le MAROC.

M. Leclainche.

Pour la Principauté de MONACO.

M. Hitier, Professeur à l'Institut agronomique.

Pour la NORVÈGE.

M. Smith, Conseiller commercial de la Légation à Paris.

Pour le PARAGUAY.

M. Gaspar Aguero, Attaché à la Légation de Paris.

Pour les PAYS-BAS.

M. le Professeur de Bliegk, de l'École vétérinaire d'Utrecht.
M. le Dr de Jong, Professeur à la Faculté de médecine de Leyde.
M. Remmels, Directeur des Services vétérinaires.

Pour le PÉROU.

M. Rafael Escuardo.

Pour la POLOGNE.

M. le Dʳ Mieczyslas Dalkievicz, Directeur des Services vétérinaires.
M. le Dʳ Julien Nowak, Professeur à l'Université de Cracovie.

Pour le PORTUGAL.

M. le Professeur Paulo Nogueira, de l'École supérieure vétérinaire de Lisbonne.

Pour la ROUMANIE.

M. Jonescu Braila, Inspecteur général des Services vétérinaires.
M. le Vétérinaire-Major Vladesco.

Pour le ROYAUME DES SERBES, CROATES ET SLOVÈNES.

M. le Dʳ Stjepan Plasaj, professeur à l'École vétérinaire de Zagreb.
M. Ant. Vukovitch, Inspecteur vétérinaire à Belgrade.

Pour la SUÈDE.

M. le Dʳ Gust. Kjerrulf, Chef du Service vétérinaire.

Pour la SUISSE.

M. le Dʳ Bürgi, Chef de l'Office vétérinaire fédéral.
M. H. Gallandat, vétérinaire cantonal.

Pour la TCHÉCO-SLOVAQUIE.

M. Jan Hamr, Conseiller ministériel, Chef du Département vétérinaire au Ministère de l'Agriculture, à Prague.
M. le Dʳ Frantisek Ševčik, Directeur de l'Institut de Bactériologie, Professeur à l'École supérieure vétérinaire à Brno.
M. Karel Prášek, Attaché à la Légation tchéco-slovaque à Paris.

Pour la TUNISIE.

M. Ducloux, Directeur de l'Élevage et des Services vétérinaires à Tunis.

M. le Président. Je vous souhaite à tous la bienvenue. Les obligations de ma fonction ne me permettant pas de présider à la suite de vos travaux, je vous demande de vouloir bien désigner un président.

M. le Commandeur Lutrario (*Italie*). Nous avons le plaisir et l'honneur de posséder parmi nous M. Massé, Sénateur, ancien Ministre, Président du Comité consultatif des épizooties. J'attire l'attention de la Conférence sur cette haute personnalité qui me semble la plus apte à diriger nos débats et à les faire aboutir à des résultats pratiques. C'est pourquoi j'ai l'honneur de vous proposer de désigner M. Massé pour présider la Conférence. (*Vifs applaudissements.*)

M. le Président. Je mets aux voix la proposition qui vient de vous être faite.

La proposition est adoptée.

M. le Président. J'invite M. Massé à prendre la présidence.

M. Lefebvre du Preÿ se retire.

Présidence de M. MASSÉ,
Sénateur.

M. le Président. Messieurs, permettez-moi de remercier tout particulièrement M. le Commandeur Lutrario de l'initiative qu'il a prise de vouloir bien présenter ma candidature comme président de cette conférence. Permettez-moi aussi de remercier la Conférence du grand honneur qu'elle m'a fait en m'appelant à présider ses travaux.

Il suffit de considérer les hommes distingués et les savants éminents qui représentent ici les différents États pour se convaincre qu'il lui eût été facile de faire porter son choix sur quelqu'un de plus qualifié; mais c'est à la France, Messieurs, que vous avez tenu à attribuer la Présidence. Au nom de la Délégation française, je vous en remercie.

Vous me permettrez cependant d'exprimer le regret que l'état de sa santé n'ait pas permis à celui de mes compatriotes que tout désignait à vos suffrages de venir s'asseoir dans ce fauteuil. L'œuvre de la Conférence n'aurait pu que gagner à être placée sous le patronage d'un homme comme le docteur Roux, dont les travaux sont appréciés du monde entier, dont la valeur et l'autorité scientifique sont universellement connues.

Vous avez voulu qu'à son défaut la présidence échût à celui qui préside déjà le Comité consultatif des épizooties de France, lequel s'inspirant de ce qui s'est passé à Vienne en 1871, par un vœu adressé à M. le Ministre de l'Agriculture, a pris l'initiative de demander la réunion de cette Conférence. A défaut d'autre titre et d'une compétence particulière, je tiens du moins à vous assurer de toute ma bonne volonté.

C'est au lendemain de l'apparition en Belgique de la peste bovine que le Comité consultatif des épizooties de France a saisi le Ministre du vœu dont je viens de parler. Il lui a paru que tous les pays étaient intéressés à étudier en commun les mesures les plus propres à combattre les maladies épizootiques et à en préserver les territoires jusque-là indemnes.

Le développement pris dans toute l'Europe par la fièvre aphteuse, l'apparition de la dourine dans des contrées où, depuis longtemps, ce mal n'avait pas été signalé, n'ont fait que renforcer cette opinion.

M. le Ministre de l'Agriculture vous a dit avec quel empressement le Gouvernement français avait accueilli ce vœu répondant à une de ses préoccupations. Il vous a dit aussi combien avait été grande sa satisfaction de voir la plupart des États répondre à cette invitation et désigner les personnalités les plus éminentes du monde scientifique pour prendre part aux travaux de cette Conférence. C'est un point sur lequel je n'insisterai pas.

Permettez-moi maintenant de vous entretenir de la marche de nos travaux.

Vous avez tous reçu la liste des questions qui nous ont paru devoir être tout d'abord soumises à vos délibérations. Bien entendu, cette liste n'est nullement limitative; si vous croyez devoir y ajouter quoi que ce soit, nous sommes prêts à nous rendre à votre désir.

Nous pensons toutefois que dans une réunion du genre de celle-ci, il y a intérêt à limiter le nombre des questions qui doivent être étudiées, de façon à ne pas surcharger l'ordre du jour et à permettre un examen approfondi de chacun des problèmes abordés.

Si vous n'y voyez pas d'inconvénient, et à moins que vous n'estimiez nécessaire d'instituer ici un débat sur telle ou telle question qui ne figure pas au programme que nous vous soumettons, nous discuterons d'abord chacun des points de ce programme. Les questions nouvelles, sur lesquelles vous pouvez légitimement désirer que porte la discussion, pourraient constituer le programme d'une conférence ultérieure, qui se réunirait à une date qu'il vous appartiendra de fixer, si vous êtes d'avis, comme le sont ceux qui ont pris l'initiative de cette Conférence, que des réunions périodiques et régulières peuvent présenter quelque intérêt et quelque utilité.

La première question qui figure à notre ordre du jour est l'examen de la situation sanitaire en ce qui concerne spécialement la peste bovine, la fièvre aphteuse et la dourine.

Nous l'avons placée en tête de notre programme, parce que ce sont les préoccupations inspirées par l'apparition ou la recrudescence de ces trois maladies qui nous ont fait concevoir la réunion d'une Conférence comme celle-ci. Il semble indispensable que tous les États soient tenus au courant aussi rapidement que possible des travaux de laboratoire et de leurs résultats, en même temps que des méthodes adoptées dans chaque pays pour combattre le fléau et de leur efficacité. Mais il paraît plus utile encore qu'une réglementation qui, tout en sauvegardant l'indépendance et l'autonomie de chaque État, aura cependant un caractère international, soit préparée de façon que tous les pays soient immédiatement prévenus de l'apparition du mal sur un point déterminé et du danger de contamination qui les menace.

Rien ne serait plus efficace, semble-t-il, pour prévenir tout danger de contamination qu'une centralisation de tous les renseignements intéressant les divers États et leur publication, à des dates aussi rapprochées que possible.

L'échange de ces renseignements, la publication d'un Bulletin sanitaire international, fait l'objet du second point soumis à vos délibérations. Pour apporter à cet égard des conclusions pratiques, le mieux serait de charger une Commission d'étudier spécialement la question et de nous présenter, à une de nos prochaines séances, un rapport précis et documenté. Si vous partagez cette manière de voir, nous pourrons, dans un instant, nommer cette Commission.

Peut-être pourrions-nous adopter la même procédure en ce qui concerne le troisième point du programme qui vous est soumis.

En constatant les heureux résultats obtenus pour la protection de la santé humaine par l'institution d'un Bureau international permanent, nous nous sommes demandé si des résultats identiques ne pourraient pas être atteints par la création d'un Bureau du même genre, spécialement chargé de suivre tout ce qui se rattache aux épizooties. C'est une œuvre que nous n'avons envisagée qu'éventuellement, ne voulant rien faire qui puisse être considéré comme une atteinte à la souveraineté de la Conférence; mais c'est un point trop important pour que nous n'ayons pas cru devoir appeler sur lui votre attention.

La France attache un prix particulier à connaître, sur l'utilité de cette création, l'opinion raisonnée des divers États qui ont bien voulu répondre à son invitation.

Enfin, dans un autre ordre d'idées, il nous a paru nécessaire de vous demander, tout en posant au début de la discussion le principe de la liberté absolue des divers États, de vouloir bien indiquer les mesures sanitaires qui pourraient être prises dans les pays exportateurs d'animaux vivants, pour donner aux pays importateurs toutes garanties contre l'introduction de maladies dont ils sont indemnes.

C'est une question particulièrement délicate, car, je le répète, les différents États doivent rester libres de prendre ou de ne pas prendre ces mesures. La Conférence ne saurait se substituer aux autorités locales pour fixer une législation internationale, qui ne vaut, d'ailleurs, que si elle est librement acceptée. Ces difficultés ne nous ont cependant pas paru telles que l'on dût renoncer à l'étude du problème. La Conférence apportera certainement à la discussion de cette question toute la réserve qui convient ; elle se bornera, après une étude approfondie du problème, à indiquer les solutions qui lui paraissent possibles et désirables. Il appartiendra ensuite à chaque État de rechercher, en toute indépendance et en toute liberté, dans quelle mesure elles sont compatibles avec sa propre législation et avec ses intérêts.

Notre programme, Messieurs, pour être limité n'en est pas moins suffisamment vaste. Si, sur les différents points, nous parvenons, dans le peu de temps qui nous est imparti, à rédiger et à adopter des conclusions précises et pratiques, nous aurons fait œuvre utile. Peut-être trouvera-t-on plus tard dans nos efforts le point de départ d'un nouveau progrès, d'une amélioration du cheptel mondial, d'un nouveau recul des maladies épizootiques.

Si ces résultats étaient atteints, ce serait pour la Conférence un suffisant titre de gloire en même temps que la meilleure récompense du labeur que vous allez fournir.

Je vous remercie encore une fois, Messieurs, de l'honneur que vous avez bien voulu me faire et je vous dis : « Au travail » ! (*Applaudissements.*)

Si personne n'a de propositions à faire tendant à modifier le programme indiqué par M. le Ministre de l'Agriculture et que je viens de résumer, nous pourrons, si vous le voulez, ouvrir une discussion générale sur la situation sanitaire des différents pays, au triple point de vue de la peste bovine, de la fièvre aphteuse et de la dourine. A l'issue de cette discussion, nous pourrons nommer trois commissions qui se réuniraient demain pour étudier les trois ordres de questions figurant sur le programme qui vous a été remis.

Quelqu'un a-t-il une proposition à faire à l'encontre de celle que je viens de formuler ?

La parole est à M. le Professeur Hutyra.

M. Hutyra (*Hongrie*). Monsieur le Président, Messieurs, je voudrais d'abord exprimer la plus profonde gratitude des Délégués assemblés ici envers le Haut Gouvernement français ; grâce à son initiative, les plus importantes questions de police vétérinaire seront discutées dans une Conférence internationale. Par la réunion des Représentants officiels d'un grand nombre de pays est réalisé le vœu émis par plusieurs Congrès de médecine vétérinaire, notamment par les Congrès de Paris et de Berne. Les vétérinaires étaient alors et sont encore sans doute convaincus que la lutte contre les épizooties ne peut être efficace que si les épizooties sont combattues par des mesures basées sur le résultat d'études scientifiques, concernant surtout leur étiologie et leur mode de propagation, et si des mesures identiques sont prises et sont appliquées avec la même exactitude dans tous les pays.

La Conférence internationale de Vienne, en 1871, a donné de bons avis ; quoique les décisions votées par cette Conférence n'aient pas été obligatoires pour les Gouvernements y représentés, elles eurent toutefois un très beau résultat, car les Gouvernements ont entrepris la lutte contre la peste bovine sur la base de ces décisions. Le résultat a été l'extinction totale de cette maladie dans presque toute l'Europe.

Il est à espérer qu'un pareil procédé aura le même résultat dans la lutte contre les maladies infectieuses, si les Gouvernements tombent d'accord, au moins en principe, sur des mesures uniformes à ce sujet et s'ils les appliquent rigoureusement.

Je suis particulièrement heureux de pouvoir assister à cette conférence, car je me suis occupé, depuis plus de vingt ans, des questions mises à son ordre du jour ; en ma qualité de rapporteur, j'ai présenté un projet de convention internationale sur les mesures préventives contre la propagation des maladies épizootiques par le trafic international des animaux domestiques. J'ai présenté ce projet au Congrès de Berne et au Congrès de Baden-Baden; il fut accepté à l'unanimité par le Congrès de Berne, mais il ne fut pas discuté en détail au Congrès de Baden-Baden, parce qu'une petite majorité de membres a été d'avis que, pour des motifs de politique commerciale, ladite discussion n'était pas alors opportune.

Certes, il ne peut pas être question d'une pareille convention dans les circonstances actuelles; mais je crois que le texte de ce projet peut servir de base aux délibérations de cette Conférence.

La première partie du projet énumère les principes fondamentaux d'une organisation conforme du service sanitaire; les mesures préventives ou d'extinction uniformes contre certaines maladies contagieuses, la rédaction et la publication des bulletins officiels d'après un modèle unique, la surveillance du trafic frontière, du trafic international, etc., questions dont doit s'occuper la Conférence d'aujourd'hui.

Comme ce n'est pas un projet personnel seulement, puisqu'il fut approuvé par d'éminents savants et par une assemblée internationale de médecine vétérinaire, je prends la liberté d'en déposer un exemplaire sur le bureau et de prier les membres de la Conférence de s'en inspirer, s'ils le jugent convenable, au cours de leurs délibérations.

M. LE PRÉSIDENT. Je remercie M. le Dr. Hutyra, délégué de la Hongrie, de son intéressante communication et du rapport qu'il veut bien déposer sur le bureau de la Conférence. Il sera remis à la Commission chargée d'étudier les questions qui y sont visées.

M. le Dr. Hutyra a fait allusion, comme je l'avais fait moi-même, à la Conférence qui, en 1871, s'est réunie à Vienne. Cette conférence avait été motivée par une recrudescence de la peste bovine dans les principaux pays d'Europe, recrudescence analogue à celle que nous avons vue, il y a quelques mois, se produire en Belgique et dans d'autres parties de l'Europe, notamment en Pologne.

Les mesures qui ont été prises alors ont été adoptées, pour se défendre contre le fléau, par tous les États intéressés, et l'on peut dire que c'est à elles qu'on doit la diminution du mal et sa rapide disparition. On peut dire que c'est à ces mesures également qu'on doit d'avoir traversé une période aussi longue sans voir réapparaître ces épizooties qui font de si terribles ravages dans le troupeau. Il a fallu des événements comme ceux auxquels nous avons assisté dans ces dernières années pour amener le relâchement des mesures sanitaires et provoquer la recrudescence du mal.

L'expérience qui nous a été donnée par la Conférence de Vienne peut être utilement retenue; nous pouvons reprendre toutes les questions qui ont été examinées alors et qui sont passées dans la législation des différents États, pour rechercher si ces mesures doivent ou non êtres renforcées, si sur certains points il est intéressant, utile, nécessaire, de les modifier.

Depuis 1871, les progrès de la science ont amené une modification de l'opinion sur les modes de la contagion de la peste. C'est un point sur lequel il serait très intéressant de connaître l'opinion autorisée des différents délégués qui siègent ici.

En 1871, à Vienne, on a préconisé un certain nombre de mesures qui ont eu un excellent résultat; malheureusement, depuis la Conférence de Vienne, il n'y a pas eu d'autre Conférence ayant un caractère international; il n'y a eu que des Congrès de médecine vétérinaire, auxquels manquait nécessairement l'autorité que possède une assemblée composée de délégués officiels des différents États. Les vœux qu'ils pouvaient émettre n'avaient pas, auprès des puissances, le poids qu'auront les conclusions auxquelles aboutiront nos discussions.

Je vous demande donc de vouloir bien entamer la discussion générale, de la poursuivre d'une façon aussi approfondie que possible; elle nous aidera à résoudre les autres questions qui seront renvoyées à l'examen des commissions, à savoir s'il est utile que des conférences internationales se réunissent périodiquement, s'il est intéressant que tous les renseignements soient groupés aussi rapidement que possible par l'intermédiaire d'une organisation qui sera chargée de les porter à la connaissance de tous les États intéressés, quelles mesures peuvent être prises entre États pour signaler à chacun d'eux l'apparition d'un fléau épizootique sur le territoire voisin, de façon à ce qu'ainsi prévenu il puisse prendre, dès le premier jour, toutes mesures pour s'en préserver.

Il est extrêmement important de ne donner que des avis aussi sûrs que possible; mais il peut arriver que lorsque apparaît un fléau comme la peste bovine qui, pendant de longues années, n'a pas été signalé en Europe, on ait des doutes sur son caractère véritable, que dès le premier jour on ne soit pas absolument certain du caractère de la maladie en face de laquelle on se trouve. Doit-on, pour prévenir les autres États, attendre qu'on ait la certitude absolue, ou doit-on, au contraire, leur faire part dès le premier jour des craintes qu'on peut concevoir, de l'hésitation qu'on peut avoir à formuler un diagnostic? C'est une question très importante sur laquelle il faut que la Conférence se prononce.

Elle aura ensuite à examiner s'il n'est pas utile de créer un Bureau permanent, chargé de faire exécuter ses décisions dans l'intervalle de deux conférences et d'organiser la publication des statistiques sanitaires.

M. Leclainche (*France*). La Délégation française a préparé, sur les questions qui sont soumises à votre examen, de très courtes notes.

Il semble qu'il y ait avantage à sérier les questions et à examiner séparément la police sanitaire des maladies que nous vous avons proposé de mettre à votre ordre du jour, c'est-à-dire et tout d'abord la peste bovine, ensuite la fièvre aphteuse et enfin la dourine.

En ce qui concerne la peste bovine, permettez-moi de vous donner lecture de la très courte note qui a été préparée et des conclusions que la Délégation française soumet à votre examen et éventuellement à votre approbation :

« La peste bovine, que l'on pouvait croire définitivement reléguée dans les continents asiatique et africain, est réapparue en ces derniers temps en Europe et elle a gagné l'Amérique du Sud.

« En août 1920, la peste est reconnue en Belgique, importée par le simple passage de zébus de l'Inde transitant par Anvers à destination du Brésil.

« En mars 1921, elle est signalée au Brésil et il est probable qu'elle y a été importée par les mêmes animaux.

« La Russie d'Europe a été largement infectée au cours de ces dernières années par du bétail provenant de l'Asie. La maladie est introduite en Pologne, à la suite de l'invasion des armées russes et des exodes de population qu'elle provoque.

« Des conférences sanitaires internationales ont été réunies à Vienne en 1920 et à Kovno, les 23 et 24 février 1921.

« L'envahissement de la Russie d'Europe par la peste et son extension aux régions envahies par les armées bolcheviques pouvaient être prévus comme une conséquence inévitable de la désorganisation des services administratifs et de la police sanitaire en particulier.

«Par contre, un apport de la contagion par la voie commerciale paraissait peu probable. Il démontre la nécessité d'une étude plus complète des maladies épizootiques et des modes possibles de leur transmission.

«Les constatations faites au cours de l'épizootie belge apportent des données nouvelles très rassurantes sur les modes de la contagion. Il est établi que la transmission indirecte est tout exceptionnelle et que, dans un pays possédant une bonne organisation sanitaire, l'on enraye facilement la peste bovine par des mesures sanitaires appropriées.

«Par contre, la peste s'étend rapidement, surtout par le déplacement d'animaux contaminés, dans les pays qui ne possèdent pas à la fois un service vétérinaire organisé et une organisation administrative permettant d'assurer l'application rigoureuse des mesures de prophylaxie.

«La prophylaxie de la peste est rendue difficile et incertaine par l'insuffisance de nos connaissances sur nombre de questions.

«Les études poursuivies à Bruxelles par la mission française ont précisé quelques points. Elles ont notamment apporté la preuve que le porc peut contracter la peste sous des formes qui le rendent très dangereux au point de vue de la contagion. Or, cet animal était généralement considéré jusqu'ici comme réfractaire et les diverses réglementations en vigueur ne le visent que très exceptionnellement.

«Il semble que la contagion par les produits animaux soit peu à redouter, le virus étant rapidement détruit dans la plupart des milieux. Toutefois, il est indispensable que les conditions de la stérilisation soient exactement déterminées, avant que l'on puisse renoncer aux mesures très sévères de protection appliquées jusqu'ici. La réalisation de ces recherches présente pour le commerce un intérêt immédiat considérable.

«De même, le danger résultant de l'introduction des animaux vivants devra être précisé par des observations nouvelles. La résistance de certaines espèces ou de certains individus permet le transport à lointaines distances des chargements contaminés. Il est possible aussi que des malades guéris restent dangereux pendant un temps indéterminé.

«Enfin, les modes d'utilisation des divers procédés d'immunisation, sérothérapie et sérovaccination notamment, devront être étudiés à nouveau.

«Il serait très désirable que les missions que divers Gouvernements ont mises à la disposition de la Pologne pussent recueillir des observations et réaliser des expériences d'après un plan établi par la Conférence.»

Nous soumettons à votre examen et, s'il y a lieu, à votre approbation les conclusions suivantes :

«La Conférence décide :

«Qu'en raison de l'incertitude de nos connaissances sur la résistance des animaux réceptifs et des variations dues à l'espèce, à la race ou à des circonstances individuelles, l'introduction des ruminants ou des porcs en provenance des régions qui ne sont pas certainement indemnes constitue un danger qui justifie des mesures de prohibition.

«Qu'en ce qui concerne les produits animaux frais, il y a lieu de poursuivre d'urgence de nouvelles recherches sur la persistance du virus pestique dans les différents milieux.

«Qu'il y a lieu de poursuivre des recherches expérimentales sur les modes de la contagion, sur la réceptivité des diverses populations animales et sur les dangers qui peuvent résulter du transport du virus par des animaux sains en apparence.»

M. LE PRÉSIDENT. Vous venez d'entendre la lecture du rapport et des conclusions rédigés par la Délégation française pour nous permettre d'entamer une discussion générale. Je donnerai la parole à ceux d'entre vous qui désireront nous faire connaître la situation dans leurs pays respectifs.

M. HUTYRA. Il serait nécessaire que nous ayons une copie de ces conclusions.

M. LECLAINCHE. Je relis la première conclusion :

« En raison de l'incertitude de nos connaissances sur la résistance des animaux réceptifs et des variations dues à l'espèce, à la race ou à des circonstances individuelles, l'introduction des ruminants ou des porcs en provenance de régions qui ne sont pas certainement indemnes constitue un danger qui justifie des mesures de prohibition. »
La proposition se résume en ceci que doit être considérée *a priori* comme n'offrant pas toutes les garanties désirables toute région qui n'est pas certainement indemne ; l'introduction des ruminants et des porcs provenant de ces régions constitue un danger et justifie de la part de tous les États des mesures qui peuvent aller jusqu'à la prohibition. Il ne semble pas que cela puisse être contesté.

M. LE PRÉSIDENT. Nous allons faire reproduire ces conclusions et elles vous seront distribuées ; leur examen pourra être repris au cours d'une séance ultérieure.

M. LECLAINCHE. Nous n'avions du reste nullement l'intention de demander à la Conférence d'adopter immédiatement ces conclusions. La Délégation française les propose seulement comme base d'une discussion générale.

Voici la deuxième conclusion :

« En ce qui concerne les produits animaux frais, il y a lieu de poursuivre d'urgence de nouvelles recherches sur la persistance du virus pestique dans les différents milieux ».
Ici nous avons en vue tout d'abord les viandes, puis les peaux et les autres produits frais, mais surtout les viandes.
Doit-on, peut-on recevoir en ce moment les chargements de viandes frigorifiées qui nous arrivent des pays infectés ? Les constatations qui ont été faites sur la conservation du virus pestique dans les viandes, en Belgique, par la Commission française, sont assez rassurantes ; mais l'expérience est unique et elle n'a pas été suffisamment prolongée ; quoiqu'elle ait été très précise, elle ne saurait être décisive, et nous sommes fort embarrassés pour décider de cette grave question d'actualité. Cet exemple montre tout l'intérêt que peuvent présenter ces questions au point de vue commercial et surtout au point de vue du ravitaillement.
C'est pourquoi nous demandons que de nouvelles recherches soient faites d'urgence, notamment sur ce point particulier. Il conviendrait de renouveler l'expérience qui a été faite à Bruxelles et qui n'a pas pu être continuée, en raison du temps très court dont disposait la Commission française, mais qui pourrait être reprise dans les pays infectés actuellement par la peste bovine.

Voici la troisième conclusion :

« Il y a lieu de poursuivre des recherches expérimentales sur les modes de la contagion, sur la réceptivité des diverses populations animales, et sur les dangers qui peuvent résulter du transport du virus par des animaux sains en apparence ».

Cette troisième conclusion nous a été également inspirée par les expériences récentes faites en Belgique. Nous pouvons ajouter que la présence de la peste en Belgique a été pour nous une grande surprise. Nous considérions la peste comme pouvant être apportée par des événements de guerre, mais nous ne nous attendions pas à la voir importée par la voie commerciale. Il semblait que les longs trajets imposés pour le transport des animaux constituassent une période de quarantaine suffisante, que les chargements devaient être détruits en cours de route ou arriver décimés à destination, et que l'on serait ainsi averti de l'état de santé des animaux transportés.

Il n'en a rien été. Par suite de circonstances qui sont encore incomplètement déterminées — certains des membres de la Conférence pourraient nous apporter des précisions très utiles sur ce point — certaines espèces d'animaux, peut-être certains animaux individuellement, se montrent suffisamment résistants pour accomplir une très longue traversée, pour résister pendant plusieurs mois et cependant, en cours de route, dans les différentes escales, ils peuvent présenter une évolution de la maladie et apporter la contagion.

C'est là une notion qui n'est peut-être pas nouvelle, mais qui n'en est pas moins intéressante.

Il est possible aussi que des animaux guéris de la peste et appartenant à des espèces ou à des races relativement peu sensibles, restent pendant un temps indéterminé des porte-germes. Il est possible que, comme l'a observé M. le professeur von Ostertag pour la fièvre aphteuse, ces animaux constituent un danger pendant plusieurs semaines, peut-être pendant plusieurs mois.

M. le Président. La parole est à M. de Roo, délégué de Belgique.

M. de Roo (*Belgique*). Je me rallie aux conclusions de la Délégation française dans leur ensemble. Je dois cependant faire une réserve en ce qui concerne les porcs. M. Leclainche paraît mettre sur le même pied les ruminants et les porcs.

Quand nos collègues français ont constaté la transmission possible au porc, nous avons été très inquiets. Nous avions en ce moment en Belgique plusieurs centaines de fermes où se trouvaient des porcs qui pouvaient être porteurs de germes. Nous avons ordonné immédiatement la séquestration de ces porcs. Il y avait déjà eu des repeuplements ; rien ne s'était produit, fort heureusement.

Nous n'avons fait abattre aucun porc, quoique partisans absolus de l'abatage en ce qui concerne les ruminants. Nous avons laissé passer le temps ; le repeuplement s'est fait petit à petit et, dans des centaines d'exploitations, la peste bovine ne s'est rallumée nulle part.

Que faut-il en conclure ? La plupart de ces porcs ont certainement pris des germes ; dans certaines exploitations, ils étaient en contact avec du bétail qui a été abattu ; dans d'autres, ils étaient en contact avec le personnel. A mon avis, il faut en conclure que le porc présente une réceptivité si faible qu'au point de vue pratique elle est quasi négligeable. Dans tous les cas, lorsqu'on prend des mesures de rigueur, le porc ne peut pas être mis sur le même pied que les ruminants.

Les constatations résultant des expériences de la Commission française à Bruxelles qui, si je ne me trompe, ont été faites avec des doses massives, ne nous permettent pas de conclure que, dans les épizooties de peste bovine, le porc soit un élément dangereux. D'ailleurs, des conclusions basées sur des expériences trop peu nombreuses ne répondraient pas à la réalité en ce qui concerne le danger pratique.

M. Nowak (*Pologne*). Il est indispensable que nous ayons sous les yeux la proposition de M. Leclainche ; l'acoustique de la salle ne nous a pas permis d'en saisir tous les mots.

M. LE PRÉSIDENT. Il est entendu qu'un exemplaire en sera remis à chacun de vous au début de la prochaine séance. Nous ne soumettrons ces conclusions à votre vote que lorsque vous les aurez eues sous les yeux.

M. DE BLIECK (*Pays-Bas*). M. de Roo a dit que le porc n'était pas aussi dangereux que la note qui nous a été lue le prétend. Je me permets de faire remarquer qu'il y a une grande différence entre la peste bovine du porc aux Indes, spécialement aux Indes néerlandaises, et en Europe. On peut lire dans la littérature vétérinaire des Indes néerlandaises qu'il y a des épizooties très importantes parmi les porcs, particulièrement à Sumatra. Il est des pays où le porc figure parmi le bétail susceptible d'être contaminé facilement, où la contamination commence par le porc pour s'étendre ensuite aux bovins. Il en est ainsi aux Indes néerlandaises. En Europe, l'infection n'est pas aussi effective qu'aux Indes. Il me paraît donc utile d'ajouter une petite note en ce qui concerne la peste du porc dans les colonies.

M. BISANTI (*Italie*). Je voudrais savoir si, pendant l'invasion de peste bovine qui a sévi en Belgique, il y a eu des cas de contamination spontanée du porc.

M. LECLAINCHE (*France*). Pas que nous sachions.

M. DE ROO (*Belgique*). Dans une seule exploitation, j'ai vu un porc qui a eu une fièvre très élevée, qui a présenté de l'abattement et de la diarrhée ; nous n'avons pas attaché d'autre importance à cela, puisqu'on considérait comme un principe scientifique que le porc n'a pas la peste bovine. Nous aurions pu faire une expérience très intéressante dans l'exploitation, mais nous ne l'avons pas faite. Dans tous les cas, c'est la seule dans laquelle nous ayons vu un porc semblant atteint ; il a guéri parfaitement.

M. BISANTI (*Italie*). On n'a pas établi que ce fût la peste bovine ?

M. DE ROO (*Belgique*). Non, les symptômes qu'il a présentés pouvaient se rattacher à la peste ; mais nous n'avons pas poursuivi l'expérience pour savoir si c'était réellement cette maladie.

M. LECLAINCHE (*France*). Permettez-moi de répondre aux observations faites par M. de Roo.
Il n'est pas contestable — c'est le résultat positif des expériences faites à Bruxelles — que le porc peut contracter la peste. Que le porc soit très résistant à la peste, cela n'est même pas toujours exact ; M. de Blieck nous a dit que, dans certaines régions, dans les Indes notamment — que le fait tienne au virus renforcé ou à une réceptivité plus grande des races — le porc peut contracter la peste.
Dans tous les cas, je ferai observer à M. de Roo que ce sont précisément les animaux les plus résistants qui sont les plus dangereux. Là où la peste tue 80 à 90 p. 100 des animaux, on s'aperçoit bien vite de sa présence et on applique les mesures sanitaires les plus rigoureuses et les plus efficaces ; c'est lorsque la peste sévit sous des formes peu graves, sous des formes relativement bénignes, comme on peut l'observer chez certaines espèces, chez les buffles et chez les porcs, c'est alors qu'elle est particulièrement dangereuse.

Nous ne voulons pas faire dire aux quelques expériences qui ont été faites plus qu'elles ne peuvent signifier; mais c'est un fait nouveau pour nous que la transmission expérimentale possible de la peste des bovidés au porc, et il est indispensable que des recherches nouvelles soient entreprises pour fixer l'étendue de cette réceptivité, les modes d'évolution de la peste chez le porc et les dangers que peut présenter cet animal. Tant que nous ne serons pas fixés sur le rôle du porc comme véhicule de la contagion, nous devrons, *a priori*, le considérer comme éminemment suspect et dangereux.

M. Hutyra (*Hongrie*). On ne peut pas nier la réceptivité du porc en ce qui concerne le virus de la peste bovine; des expériences faites en Belgique l'ont prouvé. Mais la lutte contre la peste bovine démontre également qu'il est possible d'obtenir l'extinction de la maladie par des mesures appliquées seulement aux ruminants. Jusqu'ici, on n'a pas prohibé l'importation ou l'exportation des porcs des régions infectées; cependant la peste bovine a disparu de toute l'Europe. Je ne sais pas ce qui a été fait en Belgique le mois dernier, mais je crois que les mesures prises ont été limitées aux ruminants contaminés...

M. Leclainche (*France*). Les mesures ont été étendues aux porcs en ce qui concerne la France.

M. Hutyra (*Hongrie*)..., cependant on a réussi, dans un temps étonnamment court, à amener l'extinction de la maladie. C'est un résultat d'une très grande valeur scientifique que celui qui a été obtenu dans ces expériences; mais, dans la pratique, il n'est pas toujours possible de prohiber le trafic des porcs.

A l'occasion de l'apparition et de la propagation de la peste bovine en Pologne, deux conférences internationales restreintes ont eu lieu : l'une à Vienne, l'autre à Kovno. Dans la première, à laquelle j'ai eu l'honneur d'assister, on s'est occupé des mesures tendant, d'une part à supprimer la maladie en Pologne, d'autre part à empêcher l'introduction de la maladie dans les pays voisins.

Quelques résolutions ont été votées dont peut s'inspirer la présente Conférence. On a exprimé le vœu que, dans le cas où la peste bovine éclate dans un milieu quelconque, il soit procédé à l'abatage obligatoire des malades et des suspects et, s'il est possible, de tous les contaminés, avec une indemnisation immédiate.

On a aussi exprimé le vœu qu'il ne soit pas permis de produire des vaccins dans un pays qui n'est pas encore contaminé, parce que les vaccins sont préparés avec du sang virulent. Il est très dangereux, dans un pays non contaminé, de préparer des vaccins pour avoir du sérum dans le cas où la maladie serait introduite.

On a insisté surtout sur l'exactitude et la promptitude des informations par bulletins officiels; on a même demandé que, lorsque la peste est signalée dans un pays, les pays voisins et même les autres pays soient avertis directement par la voie télégraphique. Il est essentiel, pour les pays qui ne sont pas encore contaminés, de savoir à tout moment où la maladie existe et quelle est son étendue. Cette question se rattache aux mesures à prendre contre la peste bovine.

M. de Roo (*Belgique*). Dans notre dernier règlement, — il a été fait en Belgique des règlements successifs adaptés aux circonstances — nous avons prévu l'abatage des porcs; cette mesure n'a été appliquée qu'une fois, parce que nous n'avons eu qu'une commune infectée après la promulgation de ce règlement. Mais si dans l'avenir nous devions encore avoir le malheur d'être envahis par la peste bovine, je ne proposerais plus l'abatage des porcs — nous en avons abattu une cinquantaine — parce que notre observation de Belgique qui est très vaste et qui a la valeur d'une expérience, montre que si le porc peut être un porte-germes momentané il est aussi un destructeur de germes. Cela, il ne faut pas le perdre de vue. Puisque nous n'avons pas eu un seul foyer, c'est que les germes qu'ils ont apportés ont été détruits rapidement; ce n'est pas le cas pour les zébus qui auraient allumé la peste bovine en Belgique.

Le porc, en Europe, me semble donc un élément négligeable, d'abord au point de vue de l'abatage, en second lieu au point de vue de la sévérité des mesures prises vis-à-vis des pays voisins en ce qui concerne l'importation.

M. Nowak (*Pologne*). Le dossier qui nous a été remis contient une note sur la peste bovine en Pologne. Cette question intéresse les Délégués des États européens, parce qu'en raison de sa longue frontière commune avec la Russie la Pologne est la porte ouverte par laquelle peuvent entrer en Europe les épizooties qui sévissent dans la Russie bolchevique.

Ainsi que la note le dit, la peste bovine a été importée en Pologne par les armées bolcheviques. Après le retrait de ces armées, nous avons constaté avec étonnement que la partie de la Pologne qui avait été envahie par elles était parsemée de nombreux foyers de peste bovine.

Le Gouvernement a fait immédiatement tout son possible pour combattre cette maladie dangereuse. Il a d'abord établi les trois cordons sanitaires dont il est question dans la note.

Le premier, qui était mobile, avait pour but de ne pas laisser pénétrer la peste bovine des parties infectées dans les parties indemnes. Ce cordon militaire mobile s'avançait au fur et à mesure que la peste se retirait vers la frontière russe; il a été maintenu jusqu'à présent.

Un deuxième cordon, fixe, sépare la partie de la Pologne dont l'administration est organisée des parties dites « frontières » dans lesquelles l'administration n'est pas encore définitive.

Le troisième cordon, constitué sur la frontière de la Pologne et de la Russie, n'existe plus; il y a maintenant un service frontière ordinaire.

C'est au mois de novembre dernier qu'il y a eu le plus grand nombre d'animaux atteints; à partir de ce moment, l'épidémie a été en décroissance; au mois de janvier, il n'y avait plus que 400 cas; au mois de mars, on signalait seulement 58 animaux malades et, en avril, 46 étables infectées.

Depuis le moment où la maladie a éclaté jusqu'à la moitié du mois de mai, il y a eu 7,397 animaux malades dont 3,694 ont été abattus et 3,052 sont morts. Jusqu'ici, 3,024 animaux ont été immunisés et, actuellement, on en immunise 300 par jour.

Malheureusement, nous manquons de matériel de désinfection et de médecins-vétérinaires. La Pologne ne possède que 830 médecins-vétérinaires, dont 270 sont dans les services militaires et 256 sont des praticiens. L'État dispose seulement de 304 vétérinaires, les agriculteurs ne pouvant pas être complètement dépourvus de vétérinaires.

Seule, la partie de la Pologne autrichienne possédait un nombre suffisant de médecins-vétérinaires; dans la partie appartenant autrefois à la Russie, le service vétérinaire était peu satisfaisant; une notable partie des vétérinaires employés par l'État étaient de nationalité russe; ils ont quitté le pays pour suivre les armées russes.

Dans les parties qui ont été détachées de l'Allemagne, les choses se sont passées de la même façon; ces parties sont restées presque sans service vétérinaire, parce que les Polonais, en Allemagne, ne pouvaient pas occuper des emplois officiels. Il faudra donc y instituer de nouveaux services vétérinaires.

A ce point de vue, il est difficile aux nations européennes de venir au secours de la Pologne, parce que les médecins-vétérinaires qui ne connaissent ni le pays, ni la langue, sont très difficiles à utiliser. Néanmoins les secours que la Pologne a obtenus de la Suède, du Danemark, de la France, de la Roumanie, de la Hongrie et surtout de la Tchéco-Slovaquie ont été très appréciables et je suis heureux de pouvoir ici exprimer notre reconnaissance profonde à tous ces États.

Les effets de la lutte contre la peste bovine sont considérables. La production du sérum antipestique nous a coûté jusqu'à présent plus de 60 millions de marks. Ce sérum est préparé à Pulawy où se trouve un laboratoire appartenant au Ministère de l'Agriculture; la production de sérum est de 1,500 litres par mois; nous en avons reçu de la France 200 litres; la production de sérum augmente tous les jours.

Nous procédons à l'abatage des animaux infectés, des animaux malades et des animaux suspects de contamination. L'abatage ne peut être fait que dans le cas de foyers isolés. Nous avons trop peu de bétail pour pouvoir nous permettre de procéder à l'abatage général. Les armées allemande et russe ont vécu des ressources du pays, et il reste, surtout dans l'est, très peu de bétail; il est impossible de priver les paysans de ce qui reste d'animaux domestiques.

C'est dans les foyers avancés, vers l'est, près de Varsovie, en Poméranie, que l'abatage a été considéré comme le seul remède contre la peste bovine; il a donné d'excellents résultats.

A côté de l'abatage, on procède à l'immunisation des animaux avec du sérum et avec du sang virulent. Cette immunisation se fait seulement dans la partie de la Pologne où la peste bovine présente la plus grande intensité. Dans les autres, on intervient avec le sérum seul.

La lutte contre la peste bovine durera longtemps. La situation sanitaire en Russie bolchevique n'est pas bonne; on peut dire qu'en Russie les mesures sanitaires n'existent pas et que les choses se passent comme elles se passaient en Asie avant la guerre; nous sommes convaincus que la peste bovine y sévira pendant de longues années. Il est cependant bien difficile de fermer la frontière entre la Russie et la Pologne, c'est-à-dire la frontière entre l'Europe de l'ouest et l'Europe de l'est. La Pologne aura donc pour mission de combattre la peste bovine dans l'intérêt de l'Europe toute entière et presque dans l'intérêt du monde entier.

Nos forces sont trop petites pour la remplir parce que notre pays est bien jeune. Ainsi que je vous l'ai dit, nous manquons de médecins-vétérinaires; pour les services sanitaires de l'Etat, il en faut 800 à 900 et nous n'en avons que 300; il nous en manque donc 500 à 600. Les médecins-vétérinaires qui ne connaissent pas la langue ne rendent pas les services qu'ils rendraient s'ils parlaient la langue et s'ils connaissaient le pays.

En outre, les services vétérinaires entraîneront de grands frais : matériel de désinfection, communications, cordons isolants, indemnisation pour les bestiaux abattus; il faudra des centaines de millions, peut-être même des milliards.

C'est une grande tâche que la lutte contre la peste bovine et c'est en Pologne qu'elle doit se poursuivre le plus efficacement. Nous sommes donc convaincus que nous pouvons espérer l'aide du monde entier et surtout des États européens dans cette lutte qui se fera en Pologne pour l'Europe entière. (*Applaudissements.*)

M. LE PRÉSIDENT. Je remercie M. Nowak de son intéressante communication.

M. BISANTI (*Italie*). Permettez-moi de replacer la question sur le terrain où elle se trouvait à la suite de la communication de M. Leclainche et de l'intervention de M. le Délégué de la Belgique.

En 1918, pendant la grande guerre, nous avons eu en Italie un foyer de peste bovine, sur la frontière, à un endroit où les troupes italiennes étaient à côté des troupes anglaises.

L'origine de la contagion est restée indéterminée. Nous avons fait une enquête très rigoureuse, mais nous ne sommes pas arrivés à établir par quel moyen la maladie avait pu être importée.

La Direction générale de la santé publique a pris immédiatement des mesures. Nous avons supposé que, le ravitaillement des troupes anglaises venant d'outre-mer, l'origine de l'infection pouvait être attribuée à des produits, viandes frigorifiées ou autres, servant au ravitaillement de ces troupes.

Dans tous les cas, au mois de juin ou de juillet 1918, s'est déclaré, dans la province de Vicence, un foyer de peste bovine. La maladie a été immédiatement décelée par le vétérinaire provincial ; elle s'était manifestée sous une forme très violente ; les bovidés frappés mouraient rapidement et présentaient les signes caractéristiques de la maladie.

On a pris immédiatement des mesures. Le diagnostic a été assuré par le professeur Stazzi qui connaissait la maladie parce qu'il était allé en Bulgarie. Il n'y a pas de doute sur l'étiologie et sur la nature de l'infection.

La Direction de la Santé publique a entrepris une lutte énergique. Dès le premier jour, tous les animaux qui étaient dans les étables infectées ont été abattus ; on a veillé à ce que ces animaux ne soient pas utilisés ; 60 animaux ont été abattus et enterrés. Les étables ont été désinfectées, ainsi que tout ce qui pouvait être agent de contagion directe ou indirecte. Une vaste zone a été soumise à une surveillance très rigoureuse ; tous les bovidés qui se trouvaient dans un rayon de 500 mètres ont été abattus et utilisés pour l'armée. La peste bovine a été enrayée d'emblée ; aucune autre manifestation ne s'est produite nulle part ; elle a été éteinte dans un délai maximum de quinze jours.

Nous n'avons pris aucune mesure concernant les porcs parce que nous ne savions pas que les porcs pouvaient constituer un danger ; malgré cela, la maladie a été éteinte immédiatement ; il n'y a eu ni répercussions, ni conséquences.

Je pense que les porcs peuvent jouer un rôle dans la diffusion de la peste bovine dans certains pays et dans certaines conditions ; je crois que, même en Europe, quoique la maladie se soit toujours présentée dans des conditions particulières et que les porcs n'aient jamais été atteints, il conviendra d'envisager le rôle des porcs dans la transmission de la peste bovine ; mais j'estime aussi qu'ils ne pourront pas être placés sur le même niveau que les ruminants. A mon avis, les ruminants jouent le rôle prépondérant dans la diffusion de la peste bovine, tandis que le porc aurait un rôle secondaire nécessitant des mesures différentes.

M. LECLAINCHE (*France*). M. de Roo a bien voulu se faire l'avocat du porc ; il nous a démontré qu'il n'était pas coupable ; il reste dans tous les cas singulièrement suspect.

M. de Roo nous a dit : le porc n'est pas dangereux ; sans doute, il peut héberger le virus, mais il est surtout un destructeur de virus.

Je réponds : non. On peut dire du chien, du chat, du cheval que ce sont uniquement des destructeurs de virus ; mais le porc cultive le virus puisque certains modes d'inoculation provoquent chez le porc une évolution pestique.

Nous n'avons jamais prétendu que le porc dût être traité aussi sévèrement que les ruminants et nous n'avons envisagé, dans nos conclusions, que des mesures à l'importation. Que dans chaque pays on applique aux porcs, comme aux ruminants, telle réglementation appropriée, soit. Mais nous disons que le porc, par le fait même qu'il peut être dangereux, doit être prohibé lorsqu'il vient d'une zone suspecte, du moins jusqu'à ce que des constatations très précises aient démontré l'innocuité de son rôle. Il est certain que les expériences faites en ces temps derniers sur la peste bovine sont éminemment rassurantes ; il semble démontré que la peste peut être facilement et rapidement éteinte dans tous les pays qui possèdent une organisation administrative et une organisation sanitaire complètes. Mais telles circonstances aussi peuvent se présenter où ces conditions essentielles ne sont pas réalisées. M. le Professeur Nowak nous en a donné un exemple éloquent.

La Pologne n'a pas eu le temps d'opérer sa réorganisation administrative et par ce fait même elle a subi assez gravement les atteintes de la peste ; il a suffi d'une défense de quelques mois pour arrêter l'invasion de la maladie et il suffira de quelques mois encore, du moins nous l'espérons, pour que la maladie ait complètement disparu.

Ces constatations sont rassurantes ; mais, comme le faisait remarquer M. le Professeur Nowak, il reste de par le monde de vastes foyers dangereux, présentant toujours des menaces d'extension ou de diffusion de la maladie. Tout cet immense territoire de la Russie d'Europe sera certainement dangereux pendant de nombreuses années. Tous les pays limitrophes de la Russie actuelle forment le rempart, le boulevard de défense contre l'invasion de la peste. Il est non seulement du devoir, mais de l'intérêt de tous les peuples d'aider ces pays.

Ce n'est pas seulement la Pologne, c'est la Tchéco-Slovaquie, c'est encore la Roumanie, qu'il faut aider à se défendre et à nous défendre contre la contagion. (*Applaudissements.*)

M. Nowak (*Pologne*). Cette réceptivité des porcs a-t-elle été connue par des observations ou par des expériences scientifiques ?

M. Leclainche (*France*). En ce qui nous concerne, il s'agit simplement de résultats expérimentaux. Des porcs ont présenté une évolution authentique de la peste après certains modes d'inoculation. Nous ne possédons aucune observation d'infection accidentelle. Du reste, nous n'avons pas eu de peste en France ; mais M. de Roo vous a dit que ses services n'avaient constaté aucun cas de transmission de la peste bovine au porc. Par contre, M. le Professeur de Blieck vous indiquait qu'il en était autrement dans d'autres pays ; que, dans les Indes néerlandaises notamment, le porc présentait la peste bovine sous une forme enzootique ou épizootique.

Y a-t-il des questions de réceptivité inhérentes à la race des animaux, à la population, au mode de contagion ? Nous l'ignorons ; mais il y a là une double indication à retenir : possibilité d'une transmission ou d'une infection expérimentale en ce qui concerne l'Europe et possibilité d'une contagion accidentelle, d'une évolution sous une forme épizootique en ce qui concerne d'autres pays, les Indes néerlandaises en particulier.

M. Nowak (*Pologne*). C'est une question très grave, surtout pour la Pologne, où l'élevage du porc est très répandu. Je serais très heureux que les résultats des expériences scientifiques ne se vérifient pas dans la pratique. Nous savons, en effet que ce qui est vrai dans le laboratoire ne l'est pas toujours dans la pratique. Mais il importe de le savoir, et il convient de poursuivre les études.

M. Douchkoff (*Bulgarie*). Comme représentant du Gouvernement bulgare, je voudrais appeler votre attention sur la propagation de la peste bovine en Bulgarie, en 1913, et sur les mesures que nous avons prises pour éteindre la maladie.

En 1913, pendant la malheureuse guerre, des réfugiés, obligés de quitter leurs maisons, arrivaient à Bourgas. A Bourgas, les animaux étaient déjà infectés par la peste bovine et, au bout de trente ou quarante jours, deux départements étaient envahis. Dans le département de Bourgas, 48 villages étaient infectés; dans un autre département, 62 villages étaient infectés. La maladie s'est propagée avec une très grande rapidité parce que les réfugiés gagnaient l'intérieur de la Bulgarie.

Au bout de trois mois, il y avait, dans un seul département, 8,000 bêtes malades. A côté de Bourgas, il y avait 5,600 bêtes bovines infectées.

Des mesures de police sanitaire ont été prises contre la maladie qui menaçait de détruire tout le troupeau.

On a fait le recensement du bétail des zones frontières. Tout le long de la frontière, sur une profondeur de 30 kilomètres, les animaux sont marqués sur les cornes. Tout animal qui entre dans cette zone ou qui en sort doit porter sur les cornes la marque indiquée par les journaux.

Depuis une quinzaine d'années que nous avons un service vétérinaire spécial à cet effet, nous avons pu contenir la maladie.

Nous savions que du côté de Constantinople la peste bovine existait, mais elle ne pouvait pas entrer en Bulgarie ? C'est par suite de l'état de guerre qu'elle a pu y pénétrer. Nous avons pris dans cette circonstance des mesures énergiques. Dès que la zone d'infection est délimitée, un cordon militaire doit être établi pour l'isoler des régions indemnes; tout village déclaré infecté par la peste bovine doit être entouré d'un cordon sanitaire; dans toutes les fermes infectées, les animaux, même sains, doivent être abattus. Ce sont les mesures que nous avons prises; au bout de six mois, nous avions circonscrit la maladie et nous l'avons empêchée de s'étendre hors des deux départements primitivement atteints.

Le recensement et la marque du bétail dans la zone frontière sont une excellente mesure pour lutter contre la peste bovine. L'application ne comporte pas de difficultés et les résultats sont évidents.

Permettez-moi d'attirer votre attention sur le programme de la Conférence. Il est une maladie qui s'est développée cette année chez nous et qui fait des ravages, c'est la pleuro-pneumonie de la chèvre. Cette maladie n'a pas encore été bien étudiée; mais elle existe dans quelques pays et, en Bulgarie, elle a causé des pertes considérables. Il serait désirable qu'elle figurât au programme de notre Conférence.

Jusqu'ici cette maladie n'avait pas pénétré chez nous; elle nous est venue par la Méditerranée.

M. Dantes Bellegarde (*Haïti*). Excusez-moi de prendre la parole dans une assemblée où se trouvent réunis tant de savants et de spécialistes; mais M. le professeur Leclainche a fait une observation qui m'a beaucoup frappé. C'est celle relative à la contamination et à la propagation de la peste bovine par les porcs. Je me permets de poser la question autrement.

Les porcs peuvent être très résistants à la peste. M. le Délégué de la Belgique a dit qu'en Belgique il avait été observé peu de cas, peut-être même pas du tout. La question est de savoir si le porteur de germes, qui résiste à la maladie, ne constitue pas un danger en permettant la propagation de la maladie.

Nous savons tous qu'il est des porteurs de germes qui résistent, mais transmettent la maladie. Si les porcs ne sont pas très sujets à la maladie, il n'y a pas lieu de recourir à des mesures aussi radicales que l'abatage; mais il me semble que tout de même des mesures très sérieuses doivent être prises pour empêcher les porcs de propager la maladie.

M. Pottevin (*France*). On a parlé des dangers qui peuvent résulter pour l'Europe de foyers existant actuellement en Russie. Il est certain que lorsque la situation sera redevenue normale dans l'est de l'Europe les conditions redeviendront normales aussi au point de vue de la peste bovine; mais jusque-là nous devons nous attendre à des ennuis et à l'obligation de prendre des mesures.

M. le Délégué de la Pologne a fait très justement observer que son pays est placé le premier sur la route et, par conséquent, le premier appelé à prendre des mesures, parce qu'il aurait à souffrir si elles n'étaient pas prises.

J'estime que le danger restera assez grand pour la Pologne pendant longtemps. Si nous nous en tenons aux chiffres que nous avons sous les yeux, nous voyons que l'épidémie de peste bovine qui a sévi en Pologne s'est traduite par un nombre de morts relativement restreint, 2,000 à 2,500 animaux...

M. Nowak (*Pologne*). Par mois; il y en a eu en tout 6,500.

M. Pottevin (*France*). Pour un grand pays, ce ne serait pas grand chose; mais il faut tenir compte de la situation des régions dans lesquelles les faits se sont passés.

J'ai visité, aux mois d'octobre et de novembre de l'année dernière, à l'occasion d'une enquête sur le typhus exanthématique, la région de Biélostok, de Lida, de Volkovitch et de Grodno. Je l'ai parcourue, visitant les villages et les fermes, et j'ai pu me rendre compte qu'en effet le bétail y était extrêmement clairsemé. Au moment où j'y suis arrivé, la retraite des troupes bolcheviques remontait à une semaine à peine. A l'enquête que nous faisions sur les conditions économiques de la population, lesquelles étaient importantes à connaître au point de vue de l'évolution du typhus, nous recevions partout la même réponse : « De bétail, il n'en reste pour ainsi dire pas. » Les bolcheviks avaient systématiquement laissé une vache par famille et c'est à peu près à cela que se réduisait le cheptel de la région.

On comprend parfaitement que, dans de telles régions, où les communications ne sont pas faciles, où les villages sont très éloignés les uns des autres, une épidémie de peste bovine n'ait pas été extrêmement meurtrière; mais, le jour où cette région aurait retrouvé son cheptel normal, sa circulation normale d'animaux, les ravages de la maladie y seraient infiniment plus à craindre.

Par conséquent, pour estimer le danger auquel se trouve exposée la Pologne, il faut tenir compte, non pas du nombre de victimes qu'a faites l'épidémie récente, mais du nombre de victimes qu'elle aurait dû faire, si elle avait évolué dans un pays à cheptel normal, à vie économique normale.

Dans un autre ordre d'idées, lorsque nous rapprochons les notes qui nous sont fournies sur la peste bovine en Belgique et au Brésil de ce que nous a dit M. Bisanti sur la peste bovine en Italie, nous retrouvons une particularité qui n'est pas spéciale aux maladies des animaux, mais qu'on retrouve à chaque instant dans l'histoire des épidémies humaines, c'est que lorsqu'une épizootie éclate quelque part, en général, on ne sait pas d'où elle vient. Pour l'importation à Anvers, il y a l'hypothèse des zébus; pour l'importation au Brésil, il y a également l'hypothèse des zébus; pour l'importation en Italie, il n'y a pas d'hypothèse du tout. Ceci pose d'une façon aiguë la question de savoir si l'épizootie peut être transmise par des animaux qui ne présentent aucun symptôme clinique attirant l'attention sur leur état de maladie.

Il est arrivé que des épidémies ont été importées d'Amérique en Europe dans des conditions extraordinaires. C'est le cas de la fièvre jaune apportée à Saint-Nazaire par un bateau qui avait mis vingt jours pour venir d'Amérique; pendant la traversée aucun phénomène de nature à faire soupçonner l'existence du foyer ne s'était produit à bord; il n'y avait pas eu de malades en cours de route, disait-on.

On a fait une enquête approfondie et on a fini par savoir qu'il y avait eu des cas de maladie en cours de route, mais que le commandement du bateau avait négligé de les signaler.

Je suis persuadé que, pour les chargements d'animaux qui apportent l'infection après un long voyage, pendant lequel, semble-t-il, il ne s'est rien produit à bord, bien souvent une enquête minutieuse ferait connaître qu'il s'est bien produit à bord des particularités, mais que le commandement ou le commerce les ont tenues soigneusement cachées. Ceci est pratique courante en police sanitaire des maladies humaines. Quand on envisagera les règlements de police sanitaire des épizooties, il faudra en tenir le plus grand compte.

Raisonnant, par exemple, sur le cas des zébus, nous serons amenés à nous placer sur un terrain clinique qui serait le suivant : il est possible que les zébus partis des Indes aient apporté l'infection à Anvers sans qu'il se soit produit en cours de route de cas de peste bovine caractérisés cliniquement; mais nous savons tous qu'il y a des cas frustes — ce n'est pas spécial à la peste bovine, il y en a pour toutes les maladies — difficilement diagnosticables cliniquement, que le commandement aura toujours tendance à ne pas rattacher à la peste bovine. Par conséquent, lorsqu'il s'agira d'élaborer des règlements de police sanitaire maritime, il conviendra de viser non seulement les cas caractérisés de peste bovine, mais aussi les cas qu'on pourra considérer comme suspects de se rattacher à la peste bovine.

Je m'excuse de terminer cette trop longue digression en revenant sur une observation qui a été faite. Il a été dit que, d'après les usages courants, on ne peut pas expérimenter sur la peste bovine en dehors des pays envahis par la maladie, parce que la préparation des vaccins, l'inoculation des animaux dans un pays qui n'est pas atteint, créent un danger et alarment la population.

Les expériences récentes faites par la mission française en Belgique ont montré que la peste bovine ne se transmet pas ainsi par l'atmosphère, et que, dans une installation scientifiquement aménagée, on peut avoir des animaux infectés, faire toutes les manipulations nécessitées par l'étude de la maladie, sans qu'il en résulte pour le pays le moindre danger.

Néanmoins, je reconnais que, pendant longtemps encore, il faudra compter avec ces craintes instinctives de la population et faire en sorte que les expériences qui ont un intérêt général soient poursuivies dans un certain nombre de pays dans lesquels la peste existe. Ces pays infectés peuvent faire pratiquement et commodément les expérimentations. Mais ils ne sont pas les seuls intéressés aux résultats de leurs expériences. Ici apparaît la nécessité d'une coopération internationale. Il faut que ces expériences, qui intéressent tous les pays, soient faites à frais communs sur des points déterminés (*Applaudissements*).

M. DE JONG (*Hollande*). Nous ne connaissons plus la peste bovine chez nous depuis cinquante-cinq ans. C'est pourquoi vous pouvez penser que l'invasion de la peste par le porc est, pour la Hollande, une éventualité qui doit être éliminée.

Sachant qu'aux Indes orientales la peste bovine a infecté spontanément les porcs, sachant aussi que des expériences faites à Bruxelles ont montré que l'on peut scientifiquement et expérimentalement infecter des porcs, nous ne pourrions nous dispenser, si la peste bovine menaçait la Hollande, de prendre des mesures à l'égard des porcs.

Dès que la peste bovine aurait fait son apparition en Hollande, nous prendrions aussi des mesures contre les porcs.

En second lieu, nous pensons qu'il est d'une grande importance pour nous que, dans les pays d'où la maladie peut être exportée, des mesures soient prises aussi dès maintenant à l'égard des porcs.

M. Bürgi (*Suisse*). J'ai eu la faveur de voir, à Bruxelles, le dévouement et le travail considérable des délégués français du Service des épizooties, en ce qui concerne l'étude de la peste bovine. Je resterai toujours reconnaissant à notre cher confrère, M. Leclainche, de m'avoir donné l'occasion d'étudier cette maladie redoutable. Grâce à ce qu'il m'a appris, grâce au matériel d'étude obligeamment mis à ma disposition, j'ai pu instruire nos vétérinaires de telle façon qu'ils seront maintenant capables de diagnostiquer dès son apparition la peste bovine, si malheureusement elle venait à éclater dans notre pays.

Les travaux de la Commission française ont montré avec certitude que le porc peut être porteur de germes de la peste bovine. Je suis sur ce point du même avis que M. Leclainche. Ce sont les animaux les plus résistants qui sont les plus dangereux au point de vue de la police des épizooties. C'est donc ceux contre lesquels il y a lieu de prendre des mesures très sévères. C'est pourquoi j'appuie entièrement la proposition de la Commission française.

M de Blieck (*Pays-Bas*). Je voudrais ajouter quelques mots sur la peste bovine du porc.

La peste bovine qui a été importée en Belgique venait probablement d'Asie. Il faut donc penser au virus tropical. Que savons-nous des virus? Peut-être y a-t-il des variétés de virus. Mais sûrement il y a lieu de considérer le danger du virus tropical qui peut infecter les porcs.

Cela ne résulte pas seulement des cas que j'ai cités de Java et de Sumatra, mais de nombreux autres cas et d'expériences faites par différents vétérinaires qui ont vu la peste bovine chez les porcs de Batavia. Ils sont absolument convaincus de la nécessité de prendre des mesures contre les porcs.

M. de Roo (*Belgique*). M. Pottevin a dit qu'il y avait des doutes au sujet de l'introduction de la peste en Belgique par les zébus. J'ai fait une enquête très approfondie sur ce qui s'est produit chez les zébus. Dix zébus sont morts dans les locaux quarantenaires d'Anvers et ils présentaient des signes de la peste bovine.

Pourquoi le vétérinaire du port ne l'a-t-il pas constaté? D'abord il ne faisait pas son service d'une façon parfaite. D'autre part, dans 14 abattoirs, il y a eu des cas de peste chez des animaux américains et aucun vétérinaire n'a diagnostiqué la maladie. D'après l'enquête faite dans ces abattoirs, tous ces animaux ont présenté des signes caractéristiques de la peste. Chez nous, la peste n'est pas très facile à diagnostiquer; mais il n'y a aucun doute : ce sont les zébus atteints dans les locaux quarantenaires non désinfectés qui ont contaminé les autres.

En ce qui concerne la question du porc, nous avons eu plusieurs milliers de ces animaux soi-disant porteurs de germes. Rien ne s'est produit là où ils se sont trouvés. C'est là une constatation qui a son importance. Donc, même dans les endroits où la maladie règne sur une grande échelle, il serait tout à fait anti-économique d'abattre tous les porcs, puisque l'exemple de la Belgique montre qu'ils ne sont pas dangereux.

M. Hutyra, qui a fait certaines observations sur ce sujet, a constaté que les porcs ne sont pas aussi dangereux qu'on veut bien le dire. Jamais il n'entrera dans mon esprit qu'il ne faille pas prendre de mesures contre les porcs venant des Indes. Mais n'exagérez pas ce danger; ce serait aller à l'encontre des constatations que nous avons faites. Il faut croire que les porcs ne sont pas de dangereux porteurs de germes, puisque toutes les exploitations dont je parle ont été repeuplées au bout de trois ou quatre semaines et que la maladie n'a pas reparu. C'est une constatation qui, à mon avis, a son importance.

M. Vallée (*France*). A limiter le débat à la seule question de la peste bovine, on risque de ne pas l'éclairer. Des faits précis ont été apportés ici. M. de Blieck nous a dit qu'il était hors de conteste qu'aux Indes néerlandaises le porc contractait la peste bovine. M. de Roo, et avec lui tous nos confrères européens, pourraient dire qu'en Europe le porc paraît réfractaire à la peste bovine. Il en va de même de tous les virus et de beaucoup de réceptivités. Veuillez considérer un instant le cas du *Bacillus anthracis*, qui est un peu plus connu que celui du virus pestique. Considérez également la réceptivité en Europe des diverses espèces animales et vous serez éclairés sur la nature du différend qui paraît s'élever ici.

En Roumanie, par exemple, le charbon bactérien sévit régulièrement chez le chien et vous entendrez les vétérinaires des autres régions d'Europe dire que le chien est réfractaire. L'autruche contracte la maladie à Madagascar et je ne sache pas que le charbon sévisse sur les oiseaux en Europe. Certaines races de porcs sont sensibles au virus pestique; M. de Blieck l'a démontré, cela n'est pas douteux.

Qu'on se rappelle qu'il y a vingt-cinq ans des travaux ont été poursuivis, aux côtés de M. Calmette, à l'Institut Pasteur de Nha-Trang; ils ont démontré que le virus pestique était inoculable à l'espèce porcine de ce pays. N'ayant pas pu reproduire à l'époque des expériences pareilles en Europe, on est demeuré sceptique sur un fait qui est hors de conteste.

Je demande à la Conférence de bien saisir la différence profonde qui sépare les mesures à prendre à l'intérieur d'un pays sous sa propre responsabilité et pour l'extinction des épizooties dont il souffre, et les mesures que peuvent avoir intérêt à prendre les nations non envahies pour se protéger contre un danger possible.

Que telle nation européenne dédaigne le cas du porc, ne prenne chez elle, en cas d'épizootie, aucune mesure, libre à elle; mais qu'un pays qui entend se protéger sérieusement contre toutes les formes de danger possibles d'une infection par la peste bovine prohibe formellement l'importation des porcs qui peuvent être porteurs de virus, cela semble au-dessus de tout conteste et infiniment désirable.

M. Pottevin (*France*). Permettez-moi de répondre brièvement à M. de Roo.

Voici ce que j'ai dit : si des zébus ont apporté la peste bovine à Anvers, cela doit-il nous faire admettre que des animaux ne présentant et n'ayant présenté en cours de route aucun caractère de maladie sont tout de même capables de nous apporter l'infection ? C'est là ce qui serait grave.

En matière de médecine humaine, toutes les fois qu'on a fait des recherches au sujet de ces prétendus cas de transport de maladies à grande distance sans aucun phénomène morbide intermédiaire, presque toujours on a trouvé que des phénomènes morbides s'étaient produits, mais avaient été dissimulés.

Or, si j'interprète bien ce que vient de dire M. de Roo, il me semble que c'est bien ce qui a dû se produire à Anvers, puisque ces zébus venant de l'Inde, aussitôt arrivés dans les étables d'Anvers, ont présenté 10 cas de mort par peste bovine. C'est qu'évidemment la maladie avait existé en cours de route et que, par conséquent, une enquête bien faite et loyalement servie par les autorités du bord au moment de l'arrivée, aurait permis d'éviter le mal.

Nous avons de bonnes bases pour asseoir nos règlements de police sanitaire maritime, sous la réserve que nous attribuions toujours aux déclarations des agents du bord une confiance relative.

M. le Président. La discussion en est arrivée à un point où il me semble que si personne n'insiste pour prendre la parole, le débat sur cette question peut être clos et nous pouvons aborder la seconde question, celle de la fièvre aphteuse.

Je me permets de résumer la discussion qui vient d'avoir lieu.

Un certain nombre de délégués, appartenant à des régions qui ont connu récemment la peste bovine, l'Italie, la Belgique, la Pologne, nous ont apporté des renseignements très précieux, non pas sur l'origine de la maladie, car sur ce point, la Belgique l'attribue aux zébus et la Pologne à l'invasion par les armées bolcheviques, mais l'Italie ne nous a apporté aucune certitude. Cependant il nous a été donné, sur les mesures qui ont été prises pour combattre le fléau et sur leur efficacité, des renseignements très intéressants.

Dans les États voisins de la Pologne, en France, voisine de la Belgique, nous avons été amenés, lorsque les épidémies de peste bovine se sont déclarées dans les pays dont j'ai parlé, à prendre des mesures qui semblent bien avoir été efficaces, puisque le mal n'a pas franchi les frontières et que nos pays sont restés indemnes.

Vous aurez à examiner — ce sera la tâche des commissions que nous allons instituer — par quels procédés les différentes puissances pourront être mises aussi rapidement que possible au courant de l'apparition d'une maladie telle que la peste bovine sur un territoire déterminé, au courant de ses progrès et de son évolution lorsqu'elle s'y sera déclarée.

Mais indépendamment de ces questions, que la Commission spéciale aura à régler, il semble qu'il y ait un certain nombre de conclusions plus générales à tirer du débat qui vient de s'engager.

Tout d'abord, en ce qui concerne les mesures de précaution, comme l'indiquait tout à l'heure avec infiniment de raison M. le Professeur Vallée, il y a lieu de distinguer entre les mesures qui doivent être prises dans un pays déterminé où le mal a fait son apparition, pour combattre la maladie, et les mesures qui doivent être prises par des pays voisins, désireux de se protéger et d'éviter la contagion.

En ce qui concerne les mesures à prendre dans un pays déterminé, il ne peut entrer dans la pensée d'aucun de nous qu'une conférence internationale puisse imposer ces mesures aux différents États. Tout au plus peut-on en indiquer certaines, qu'il serait désirable de voir adopter; mais chaque pays reste essentiellement libre d'adapter ces mesures à sa législation, à ses intérêts et à sa situation générale.

En ce qui concerne les mesures de précaution à prendre pour éviter la contagion, dans les conclusions que vous a soumises la Délégation française nous avons eu soin d'envisager deux points de vue : le danger de contamination par les animaux vivants en premier lieu. En ce qui concerne les ruminants, il n'y a pas de doute possible, le danger existe et on a le droit, pour se préserver, de fermer sa frontière à tous les ruminants venant d'un pays, soit contaminé, soit suspect de contamination.

En ce qui concerne le porc, une controverse s'est instituée ici. Des avis divergents ont été formulés. Mais un point reste bien acquis : c'est qu'en admettant que le porc puisse être un destructeur de germes, il est susceptible, dans certains cas déterminés, de contracter la maladie et par conséquent vraisemblablement, comme on l'a fait remarquer, de la transporter au loin. Les États sont donc absolument libres de prendre contre le porc les mesures qu'ils croiraient devoir prendre. C'est un point sur lequel il est nécessaire que la Conférence se prononce.

Mais en ce qui concerne le degré de réceptivité du porc, le degré de danger qu'il présente, la controverse même qui s'est instituée ici indique que la question n'est pas encore mûre pour pouvoir recevoir une solution nette, que des études plus ou moins longues s'imposent. Il serait bien dans le cadre d'une Conférence comme celle-ci de demander à tous les pays où la peste bovine existe de se livrer à des expériences aussi nombreuses que possible, de façon à se rendre exactement compte du danger de contamination que peut présenter l'espèce porcine.

Nous avons en second lieu à examiner le danger de contamination qui résulte des produits animaux frais. Là encore il semble bien, d'après des données récentes, que le point de vue que l'on pouvait avoir il y a un certain nombre de mois ait pu, dans certains cas et dans certains milieux, être modifié; sans que l'on puisse formuler une opinion diamétralement opposée à celle que l'on aurait formulée il y a quelques mois, il semble qu'un doute subsiste et que l'on ait le droit d'être moins affirmatif qu'on ne l'était jusqu'ici.

Des expériences qui ont été faites, il semble résulter que le danger de contamination par suite du transport de viandes frigorifiées soumises à une très basse température n'est pas aussi grand que ce que l'on avait pensé tout d'abord. Cependant nous avons entendu tout à l'heure M. Bisanti déclarer qu'il croyait que c'était par l'apport de viandes frigorifiées que la peste bovine avait éclaté en Italie. Là encore il y a une série d'expériences à faire et il me semble qu'il est dans les attributions de la Conférence de formuler le vœu que ces expériences soient continuées d'après un plan qu'il vous appartiendra de déterminer.

Lorsque les conclusions arrêtées par la Délégation française sur chacune des trois maladies vous auront été distribuées et lorsque vous aurez eu le loisir de les examiner, si vous croyez avoir des modifications à présenter, je vous serai obligé de vouloir bien m'en saisir le plus tôt qu'il vous sera possible.

La discussion générale sur la peste bovine est close et nous passons à la question de la fièvre aphteuse.

Je donne la parole à M. Leclainche.

§ 2. Fièvre aphteuse.

M. Leclainche (*France*). Voici la très courte note rédigée par la Délégation française sur la fièvre aphteuse :

« La fièvre aphteuse sévit en permanence en Europe depuis près d'un demi-siècle, avec des périodes d'accalmie, interrompues par des poussées épizootiques.

« Les systèmes sanitaires les plus divers ont été utilisés sans succès.

« La fermeture des frontières ne suffit pas à protéger un pays en l'absence d'obstacles naturels infranchissables; encore la présence de ceux-ci ne constitue-t elle pas une garantie absolue : l'exemple de la Grande-Bretagne est probant à cet égard.

« Dans l'intérieur d'un pays contaminé, il est possible de réaliser l'extinction des premiers foyers par l'abatage total des malades et des contaminés, à cette condition de découvrir les foyers dès leur apparition et de disposer d'une police et de services techniques également actifs.

« L'expérience que la Suisse a poursuivie en ces derniers temps présente un intérêt considérable. Le « stamping-out » y a été appliqué dans les conditions les plus favorables : petit pays possédant une bonne organisation administrative et un service vétérinaire excellent; adhésion générale des populations à des mesures de protection rigoureusement appliquées; utilisation très judicieuse de la méthode. Malgré ces conditions exceptionnelles, l'entreprise a échoué. Le système apparaît comme pratiquement inopérant dans la plupart des circonstances, notamment si des réinfections successives sont à craindre (présence de la maladie dans un pays voisin; foyers multiples déjà constitués...).

« L'insuffisance des mesures de police sanitaire ne peut être suppléée que par l'immunisation des animaux exposés.

« Pour être employée, la méthode devra être simple, peu coûteuse et d'une application générale. En l'état actuel de nos connaissances, les procédés de la sérothérapie, de la séro-vaccination et de la vaccination paraissent seuls susceptibles d'être utilisés.

« Les laborieuses recherches réalisées en ces vingt dernières années en Allemagne, en France, en Italie, ont apporté, à défaut de la solution pratique escomptée, nombre d'indications utiles. C'est dans cette voie qu'il convient de persévérer, en dépit de toutes les difficultés éprouvées.

Les Gouvernements ont compris tout l'intérêt de ces études. A l'heure actuelle, l'étude expérimentale de la prophylaxie de la fièvre aphteuse est poursuivie officiel lement, dans la Grande-Bretagne, en France, en Italie,...

« La Conférence estimera peut-être désirable :

« Que, sans porter aucune atteinte à l'indépendance des investigateurs, des rela tions s'établissent entre les divers laboratoires spécialisés dans cette étude ;

« Que les résultats déjà acquis soient communiqués aussitôt que possible pour être contrôlés ou expérimentés. »

Je n'ai que quelques mots à ajouter aux conclusions que je viens d'avoir l'honneur de vous lire.

Dans l'esprit de la Délégation française, les mesures de police sanitaire à l'égard de la fièvre aphteuse ne peuvent donner que des résultats incomplets et nettement insuffisants. Contrairement à ce que nous constatons lorsqu'il s'agit de la peste bovine, pour laquelle les mesures sanitaires se révèlent toutes-puissantes et souverainement efficaces, pour la fièvre aphteuse, jusqu'ici, tous les systèmes sanitaires dans tous les pays, ont à peu près radicalement échoué.

On arrive bien à des résultats partiels, à retarder des envahissements, ce qui parfois présente un intérêt considérable et justifie les mesures onéreuses imposées; mais la protection complète ou l'extinction totale de la maladie ne sont pas obtenues. Voilà le fait. Il n'est pas spécial à un pays. Les graphiques qui sont sur ces murs et qui sont les témoins de notre impuissance, graphiques qui ont été établis pour la France, pourraient être établis également pour tous les autres pays.

Les conclusions qui vous sont présentées comportent donc une renonciation, momentanée, espérons-le, aux procédés héroïques de l'action sanitaire : séquestration absolue et abatage. C'est du Laboratoire et des procédés scientifiques que nous attendons la solution de cet angoissant problème. Nous pensons que, malgré tous les déboires de chercheurs auxquels on ne saurait rendre un trop grand hommage, il y a lieu de persévérer dans cette voie, la seule qui nous paraisse ouverte. Nous vous demandons donc d'approuver des conclusions qui s'appliquent exclusivement à ce procédé de la prophylaxie qu'est l'immunisation; nous vous demandons de décider qu'il y a lieu de poursuivre dans tous les pays l'étude expérimentale de la fièvre aphteuse; nous vous demandons de dire que ces recherches seraient aidées en entretenant, de laboratoire à laboratoire, des rapports à peu près constants.

Nous estimons que si les résultats d'ordre purement scientifique sont portés assez rapidement à la connaissance de tous, par les publications dans la Presse ou par les soins des sociétés scientifiques, il n'en est pas de même souvent en ce qui concerne les tentatives d'application pratique de ces méthodes. Nous pensons qu'il y aurait lieu pour tous les Gouvernements de faire connaître à tous les autres pays les résultats, quels qu'ils soient, même les échecs, des méthodes dont l'utilisation a été tentée.

Comme le disait tout à l'heure M. le Professeur Nowak, il y a souvent loin des résultats du laboratoire à ceux de la pratique; ces résultats ne sont pas immédiatement superposables; c'est que des conditions nouvelles interviennent, que l'on ne peut pas toujours prévoir lorsqu'on opère dans le laboratoire.

Il y aurait donc certainement un gros intérêt à ce que ces expériences, ces tentatives d'application pratique, fussent exactement suivies par les Gouvernements et par les autorités sanitaires de tous les pays, et à ce que ces résultats fussent immédiatement portés, par une voie que peut-être vous aurez à déterminer bientôt, à la connaissance de tous.

M. le Dr Beyro (*République Argentine*). Permettez-moi de vous entretenir rapidement de la situation de l'Argentine, en ce qui concerne la fièvre aphteuse, et d'ajouter à la proposition de M. Leclainche une proposition de caractère pratique, en vue de l'uniformisation des mesures sanitaires appliquées aujourd'hui à la fièvre aphteuse.

La fièvre aphteuse a existé dans la République Argentine, sans doute depuis des temps lointains; mais sa présence n'a été remarquée qu'il y a environ cinquante et quelques années, époque à laquelle les progrès de l'amélioration du bétail offrirent à la contagion des sujets plus sensibles, chez lesquels la maladie devient plus apparente.

Aujourd'hui, la fièvre aphteuse existe en permanence dans notre pays, sous forme de cas bénins et isolés; de temps en temps, elle prend un caractère épizootique et s'étend à des régions plus ou moins grandes, parcourant parfois, par bonds successifs tout le territoire. De telles rémissions expliquent que plus d'une fois on ait considéré la maladie comme éteinte. A présent, avec un meilleur service sanitaire, nous la suivons de plus près.

Les mesures de police sanitaire qui ont été essayées à plusieurs reprises pour réduire la maladie ont été abandonnées dans ces dernières années comme infructueuses et parce que les limitations du commerce produites par ces mesures ne faisaient qu'aggraver les pertes causées par la propre maladie, lesquelles sont relativement faibles dans la généralité des épizooties. Maintenant, nous nous bornons à conseiller aux propriétaires l'aphtisation artificielle dès que la maladie paraît dans leurs troupeaux.

Ordinairement la fièvre aphteuse est là-bas d'un cours très bénin, et de simples soins collectifs sont suffisants; tels que le transfert des animaux dans des prairies élevées, sèches, avec de l'herbe tendre; les déplacer le moins possible, mettre à leur facile portée de l'eau propre en grande quantité; les faire passer dans un pédiluve constitué par une solution de sulfate de cuivre, etc.; ainsi, en peu de jours, la situation revient à son état normal. Il n'a pas encore été remarqué des épizooties caractérisées par des pourcentages élevés de mortalité parmi les animaux âgés. Même pendant les expositions annuelles des reproducteurs de race pure, où sont réunies des milliers de têtes des espèces bovine, ovine et porcine, très sensibles, et où il est arrivé que toutes ont été atteintes, la proportion de la mortalité produite directement par la maladie ou par des complications n'a jamais atteint 3 p. 1,000 dans l'espèce bovine; elle a été nulle chez les moutons et chez les chèvres.

En réalité, nous ne qualifions comme graves que les épizooties qui occasionnent beaucoup de décès parmi les veaux qui tètent encore.

Une mauvaise année fut celle de 1919, par exemple.

Dans cette année, il y avait de petits foyers parsemés dans tous le pays qui furent convertis, par extension de la contagion, en des épizooties régionales plus ou moins étendues, qui se sont répétées deux et trois fois dans certains endroits, pour se transformer ensuite en une épizootie qui atteignit simultanément plusieurs provinces et un gouvernement, pendant les mois de juillet, août et septembre.

La maladie fut caractérisée pendant cette période par sa récidive deux et trois fois sur les mêmes animaux, par la bénignité des lésions apparentes et par le chiffre élevé de la mortalité qui se produisit malgré cela.

On sait depuis longtemps que la fièvre aphteuse ne confère d'ordinaire qu'une immunité très faible et très brève — circonstance malheureuse qui éloigne les espoirs d'obtenir des moyens biologiques immunisants capables de nous aider dans sa prophylaxie — mais jusque-là, on n'avait pas encore vu chez nous des exemples si fréquents et si étendus de la récidive.

Le nombre élevé de décès fut causé surtout par la coïncidence de l'épizootie, plus grave avec la période de la mise bas de l'espèce bovine dans les provinces de Buenos-Aires, Entre-Rios, Sud de Cordoba, Santé-Fé, San Luis et dans le Gouvernement de La Pampa. La mortalité parmi les veaux de lait fut très grande à ce moment. Dans quelques établissements, elle dépassa 50 p. 100. Moururent aussi un certain nombre de vaches à terme ou près de mettre bas.

Cette année 1919 fut la plus mauvaise dont on ait souvenance en Argentine.

La mortalité parmi les vaches, peu élevée d'ailleurs, fut due, dans la plus grande partie des cas, aux conséquences des avortements et des mises bas dystociques sur les animaux atteints. Elle aurait été notablement réduite par des interventions appropriées.

L'énorme perte de veaux aurait pu également être évitée avec un peu de soin et de travail.

En règle générale, les victimes furent des veaux n'ayant que quelques heures ou quelques jours. Ils moururent par des toxi-infections massives, dues à l'ingestion du lait, pendant la phase aiguë de la maladie des mères. Dans les établissements qui suivirent les conseils de la Direction générale de l'Industrie animale, en allaitant les petits veaux, même légèrement, avec du lait de vaches saines, pendant le bref délai où les mères passaient cette période, la mortalité fut réduite à 4 p. 100, 2 p. 100 et même à 0, tandis que les voisins éprouvaient des pertes de 15, 30, 50 p. 100 et plus.

Pendant l'année 1920 et pendant celle-ci, jusqu'à présent, la fièvre aphteuse n'a pas pris un caractère épizootique et il n'y aurait pas à s'étonner que cette année finisse sans que la situation soit changée. La maladie présente des alternatives de ce genre.

Même pendant les plus mauvaises années, il y a toujours de grandes zones qui en sont libres. Pendant de longues périodes, la maladie se trouve localisée dans de petites régions. Je rappelle, à titre d'exemple, que l'Institut biologique de la Société rurale argentine se heurte depuis le commencement de l'année dernière à de grandes difficultés pour se procurer le virus naturel nécessaire à la préparation du sérum immunisant qui est appliqué dans les concours de reproducteurs organisés par la Société en question. De sorte que, en prenant de sérieuses précautions, on peut, presque en tout temps, exporter des animaux sans courir le risque de transporter la contagion.

Néanmoins, la fièvre aphteuse est l'unique cause de la fermeture de plusieurs pays à l'entrée de notre bétail sur pied.

Cette mesure, si elle est justifiée là où la maladie n'existe pas, n'est pas justifiée dans les pays qui se trouvent dans la même situation que la République Argentine. En tout état de cause, on ne voit pas clairement le motif pour lequel le débarquement d'un troupeau atteint de fièvre aphteuse est interdit dans les ports des régions où la maladie règne à ce moment. On s'explique encore moins une mesure aussi rigoureuse, en tenant compte que le Gouvernement argentin ne permet pas l'exportation du bétail sans s'être assuré d'avance, par des inspections soignées, que dans les établissements d'origine ainsi que dans le voisinage, il n'existe ni n'a existé, depuis les trente jours précédant le départ des animaux, aucune maladie contagieuse; qu'il a soin que ceux-ci soient transportés jusqu'au port d'embarquement sans être exposés à aucune contagion; qu'il les maintient dans le port soumis à l'observation et isolés pendant vingt-quatre heures et n'autorise l'embarquement que si rien d'anormal n'a été noté; et, en dernier lieu, qu'avec le service de police sanitaire bien organisé dont il dispose, il se trouve en mesure de connaître à tout instant dans quels endroits existe la fièvre aphteuse et partant d'interdire l'exportation du bétail de cette provenance.

La fermeture des frontières ou des ports ayant pour motif la fièvre aphteuse, de la part de pays où celle-ci se trouve déjà à l'état permanent, entrave sans aucun bénéfice sanitaire le commerce de la viande, l'enchérissant pour le grand préjudice de la société. Il serait à désirer que cet état de choses disparût, du moins jusqu'à ce que la science trouve un moyen prophylactique efficace.

Le Gouvernement argentin suit avec une très grande attention les travaux scientifiques ayant pour but l'obtention de ce moyen, travaux qui sont poursuivis depuis de longues années en Europe, et il désire profiter de cette opportunité pour offrir son appui aux missions scientifiques officielles qu'intéresserait l'étude du problème dans notre pays, où elles auraient également, sans aucun doute, la coopération la plus franche, autant de la part des sociétés rurales que de la part des grands propriétaires de bétail.

Comme conséquence de ce que je viens de dire, je voudrais en terminant vous soumettre une suggestion :

Il serait à désirer que les pays se trouvant dans la même situation par rapport à une maladie déterminée du bétail, et prenant des mesures de police sanitaire intérieure identiques, se traitent mutuellement, en ce qui concerne cette maladie et le trafic international d'animaux, comme s'il s'agissait de régions d'un même pays, ou tout au moins avec la tolérance permise par la conservation de leur propre situation sanitaire au point de vue de cette maladie.

M. DE JONG (*Pays-Bas*). Chez nous, les opinions en matière de lutte contre la fièvre aphteuse sont un peu partagées. Il y a des partisans de l'abatage; d'autres pensent que l'abatage ne peut pas donner de résultats en ce qui concerne la fièvre aphteuse, parce que le virus est tout autre que le virus filtrant que nous connaissons et que nous pouvons combattre. Il présente de grandes différences avec le virus de la peste bovine en ce qui concerne la propagation de la maladie dans les environs des foyers infectés.

Notre Gouvernement a institué une Commission chargée d'étudier la fièvre aphteuse et les moyens de combattre la maladie. Cette Commission poursuit ses travaux; elle n'a pas encore obtenu de résultats.

Une des difficultés de l'abatage est que c'est un moyen qui coûte très cher et amène la désorganisation de nombreuses fermes. Beaucoup d'éleveurs sont d'avis que cette mesure ne sert pas leurs intérêts et ils estiment préférable qu'on laisse à eur initiative les mesures à prendre contre la maladie.

Moi-même je ne suis plus partisan de l'abatage. Mais parce que la question n'est pas encore résolue dans les Pays-Bas, il est juste que je cite ici l'opinion de mon excellent confrère M. le Dr Remmels, inspecteur en chef du service vétérinaire.

En 1914 et 1915, nous avons réussi à combattre la fièvre aphteuse dans les Pays-Bas. Cela nous a coûté 7 millions de florins, ce qui est une somme considérable. Néanmoins, M. Remmels est toujours d'avis que c'est l'abatage qui peut sauver la situation quand on veut combattre hardiment la maladie.

M. Remmels regrette beaucoup de ne pas être en possession de son rapport qu'il aurait présenté lui-même à la Conférence; mais il croit ne pas pouvoir se servir suffisamment de la langue française pour exposer lui-même sa pensée.

Quoi qu'il en soit, nous sommes restés indemnes de la maladie en 1916. Nous avons eu une rechute en 1918, et, de l'avis de M. Remmels, nous l'aurions encore vaincue si les cultivateurs ne s'étaient pas adressés au Parlement qui, sous cette pression, a fait cesser l'abatage. A partir de ce moment, la maladie s'est propagée d'une manière considérable.

Je constate cependant que, dans des pays où la question de la fièvre aphteuse a une importance primordiale, les opinions sont encore partagées. Il y a encore des membres distingués de la profession vétérinaire qui pensent que l'abatage continu et rigoureux peut bien réussir, mais qu'il coûte beaucoup d'argent et que, dans certaines circonstances, les cultivateurs ne peuvent pas supporter ces mesures, parce qu'ils ne peuvent admettre qu'on abatte des animaux d'une haute valeur commerciale, inscrits sur le herdbook.

Quant à moi, j'ai une autre opinion. Néanmoins je crois que l'étude de l'immunisation et de la prévention est très difficile, parce qu'il n'est pas toujours possible de faire des expériences rigoureusement scientifiques. Nous connaissons tous l'histoire des études de Loeffler, en Allemagne. Il avait été créé un Institut pour l'étude de l'immunisation de la fièvre aphteuse. A un moment, le virus s'est échappé de cet Institut et nous avons eu par là une invasion.

La première question qui se pose dans cette matière, et qui est très intéressante, est celle de savoir si, dans un pays indemne de la fièvre aphteuse, il est possible de faire des études sur le virus et sur l'immunisation en créant un Institut d'où la maladie peut s'échapper et infecter les environs. Il doit être répondu à cette question par l'affirmative ou par la négative, afin de savoir si des pays qui sont indemnes ont le droit de faire des expériences.

Il y a une autre question. Nous savons maintenant que l'immunité après la maladie peut être de très courte durée. On voit des animaux qui ont été infectés deux ou trois fois dans la même année. L'immunité n'est donc jamais rigoureuse et il y a toujours des risques de voir un animal que l'on estimait immunisé contracter de nouveau la maladie.

Puis, il y a une question économique. Nous avons vu dans ces dernières années que la mortalité par la fièvre aphteuse a augmenté considérablement. Je ne connaissais pas cette mortalité jusqu'au moment où je l'ai vue moi-même. Avant cette date, j'étais d'avis qu'il ne fallait plus abattre; je pensais que cette maladie ne pouvait pas diminuer considérablement la valeur de l'élevage de notre bétail en Hollande. Nous pouvons avoir des pertes, mais dans quelques années notre cheptel sera reconstitué.

Dans de telles circonstances, quand une maladie n'a pas des conséquences telles qu'on ait à craindre la perte de tous les animaux de valeur, on peut dire que les risques n'incombent plus au Gouvernement, mais aux cultivateurs eux-mêmes. Tout cultivateur a des risques; la maladie est un de ces risques. N'en est-il pas de même de la fièvre aphteuse, qui peut causer des pertes, mais non pas la perte totale d'une population bovine? N'existe-t-il pas un autre moyen de combattre les pertes dont souffre notre pays?

Il y a toujours l'assurance contre la mortalité du bétail.

Il existe enfin une autre question, la question commerciale internationale. Nous sommes un pays exportateur. Qu'arrivera-t-il si on ne nous achète plus notre bétail parce que nous refuserons de prendre des mesures contre la fièvre aphteuse? C'est une question difficile à résoudre. Quant à moi, j'y réponds de la manière suivante.

Si un pays étranger aux Pays-Bas refuse notre bétail, est-ce parce que nous ne prendrions pas des mesures contre la fièvre aphteuse et parce qu'il exige de nous que nous combattions ce qu'il ne peut pas combattre lui-même? S'il veut avoir le bétail hollandais, c'est parce qu'il estime que ce bétail est de haute valeur. S'il ne le veut pas, qu'il le refuse. Mais je suis convaincu qu'au bout de quelques années ce pays, voyant que les Pays-Bas ne prennent pas de mesures contre la fièvre aphteuse, se résoudra quand même à importer notre bétail, sauf à le mettre en quarantaine chez lui. Mais il ne peut pas refuser le bétail de la Hollande parce que la Hollande se refuse à prendre des mesures rigoureuses contre une maladie que ce pays ne peut pas combattre lui-même.

Telles sont les opinions qui, en ce moment, partagent les Pays-Bas. On y a fait de l'abatage avec succès. Mais, actuellement, on hésite encore et le résultat de cette hésitation a été la création d'une Commission qui en ce moment encore étudie la question. (*Applaudissements.*)

M. DE ROO (*Belgique*). Si j'ai bien compris M. Leclainche, il jette par dessus bord toutes les mesures de police sanitaire. Est-ce bien cela que vous avez voulu dire ?

M. LECLAINCHE (*France*). Je constate seulement que les mesures sanitaires se montrent insuffisantes.

M. DE ROO (*Belgique*). Mais il y a des degrés dans les mesures de police sanitaire. Il y a la séquestration à l'étable des animaux en pâture, et l'on prend autant que possible des mesures de désinfection. Ce sont là des mesures sérieuses. Vous ne pouvez pas le contester. Si vous laissez les animaux en pâture et si vous ne faites rien, l'extension du mal sera plus considérable.

M. LECLAINCHE (*France*). Vous vous êtes mépris sur la portée de mes observations. Je n'ai pas dit qu'il faut abandonner les mesures sanitaires. J'ai constaté que les mesures de police les plus rigoureuses, associées à l'abatage, n'avaient pas réussi en Suisse, bien qu'appliquées en des conditions très favorables et telles sans doute qu'elles ne pourraient être réalisées dans aucun autre pays. Notre collègue, M. Bürgi, pourrait nous donner les résultats très intéressants de cette magnifique expérience.

M. DE ROO (*Belgique*). Vous ne condamnez pas d'une façon absolue certaines mesures.

M. LECLAINCHE (*France*). J'ai dit que les mesures sanitaires ne suffisent pas à assurer la prophylaxie de la fièvre aphteuse.

M. DE ROO (*Belgique*). Là-dessus nous sommes d'accord.

M. Bürgi veut-il me permettre de présenter une observation à propos de la Suisse ? Je crois que je la lui ai déjà faite à Bruxelles.

La Suisse avait son armée mobilisée et elle a eu recours à l'armée. Nous, nous avons eu recours à l'armée dans une seule commune ; nous y avons placé 60 soldats. A partir de ce moment, cela a été une extension de la peste bovine dans cette commune. Nous avons fait une enquête et nous avons appris que les jeunes soldats couraient de ferme en ferme, allaient des fermes infectées aux fermes saines. Nous avons alors licencié nos 60 hommes et nous les avons remplacés par 8 gendarmes, avec nos mesures de police ordinaire. Immédiatement, nous avons eu raison de la maladie.

Je me demande si, en Suisse, le cordon sanitaire assuré par l'armée n'est pas pour quelque chose dans l'échec de la mesure. Il est permis de le supposer, puisque nous avons fait cette constatation chez nous. Quand on prend des mesures, il faut encore voir quels moyens on emploie.

A défaut de mesure absolue, on peut, dans certains cas, avoir recours à des mesures intermédiaires. Vous avez, par exemple, le cas de 5 bêtes bovines qui avaient été importées des Pays-Bas, qui ont été transportées dans une région ravagée pendant la guerre, et qui ont gagné la maladie. Comme il n'y a pas d'étables dans cette région, cela a été le signal de l'envahissement de toute la contrée. Si on les avait abattues immédiatement, il y aurait eu des chances de limiter le mal.

Si on ne veut pas avoir recours à la règle absolue, on peut s'arrêter à des mesures intermédiaires, en attendant que l'on ait trouvé dans les laboratoires quelque chose de pratique et qui aura nos préférences ; mais ne rien faire, se croiser les bras, pour un service vétérinaire, cela ne me paraît pas possible.

Je suis donc pour l'abatage dans certains cas et je fais toutes mes réserves au sujet des échecs qui ont pu être constatés dans certains pays. Mais, en Amérique, en Angleterre, en Hollande jusqu'au moment où le Parlement est intervenu, on a parfaitement réussi.

M. Leclainche (*France*). Je n'ai jamais voulu dire que les mesures de police sanitaire n'ont pas de valeur. Nos instants sont trop précieux pour que nous puissions discuter les différents procédés d'intervention sanitaire en matière de fièvre aphteuse. Des systèmes nombreux ont été employés qui peuvent convenir à tel pays ou à telle région. Mais il me semble que la discussion ne doit pas porter là-dessus et que nous ne devons pas nous éterniser sur cette question. Ce que la Conférence doit envisager, c'est l'extinction éventuelle de la fièvre aphteuse dans un pays, ce n'est pas sa raréfaction. Il ne s'agit pas d'en diminuer plus ou moins la fréquence ; il s'agit de savoir si tel ou tel ordre de mesures permettrait de réaliser l'extinction de la fièvre aphteuse dans un pays.

Voilà comment la question doit être posée et à quoi elle doit se limiter.

Je constate que les mesures de police sanitaire, quelles qu'elles soient, y compris l'abatage, sauf dans quelques conditions particulières — nous l'avons indiqué, car nous n'ignorons rien de ce qui s'est passé — n'ont pas réussi. Nous savons parfaitement que la Grande-Bretagne lutte avec succès et depuis plusieurs années contre des invasions successives de fièvre aphteuse par la méthode héroïque de l'abatage. Nous savons aussi — nous sommes tous avertis à ce sujet — que c'est grâce à des circonstances spéciales que la Grande-Bretagne peut réussir dans ces conditions.

Ce qui me paraît certain, après les expériences qui ont été récemment réalisées et notamment après la grande expérience qui a été poursuivie en Suisse, c'est que, pour un pays qui a de larges frontières ouvertes, comme c'est le cas pour la plupart des pays d'Europe, qui est exposé à des réinfections fréquentes, continuelles, à raison de la présence de la maladie dans des pays voisins, le système de l'abatage ne donne pas de résultats décisifs. Il est coûteux et il n'aboutit pas à l'extinction totale, qui est le seul but que l'on puisse se proposer en employant un tel procédé.

Voilà tout ce que j'ai entendu constater ici.

M. de Jong nous a dit : Dans un pays, comme les Pays-Bas, qui a le bonheur de posséder des races recherchées, considérées comme nécessaires à l'entretien de l'élevage dans un grand nombre de pays, si ce pays vient à renoncer pendant plusieurs années à toute mesure sanitaire, il faudra bien que les pays d'importation se décident un jour malgré cela à accepter ses animaux.

M. de Jong estime que ces pays importateurs peuvent se contenter de mettre en quarantaine les animaux venant des Pays-Bas qu'ils considéreraient comme contaminés.

Certainement, c'est une solution. Mais de cette création de parcs de quarantaine pour le bétail importé, nous avons fait, dans des circonstances malheureuses, au cours de toutes ces années dernières, une trop grande expérience, et cette expérience nous a montré que toutes les fois qu'on entrepose du bétail dans une station de quarantaine, on aboutit à des désastres.

Des expériences récentes, que M. Massé connaît bien, ont encore montré que le transport d'animaux infectés, ou simplement d'animaux contaminés qui accomplissent une partie de l'évolution de la maladie pendant le transport, arrivent à destination dans des conditions déplorables. Le transport constitue une épreuve redoutable pour les animaux en puissance de fièvre aphteuse, même lorsque la maladie n'est pas apparemment déclarée au moment de l'embarquement.

Voilà les raisons qui rendront toujours difficile l'acceptation de la suggestion faite par M. de Jong : aggravation considérable de la maladie par le transport, aggravation encore dans les stations de quarantaine.

M. Nogueira (*Portugal*). A propos de ce qui vient d'être dit au sujet de l'abatage, voici ce qui est arrivé au Portugal.

Je suis professeur de maladies contagieuses. J'ai pu suivre les différentes explosions de la fièvre aphteuse en Europe et dans mon pays. J'ai remarqué que la fièvre aphteuse partant d'Orient atteint vers l'Allemagne et la France sa plus grande activité, et lorsqu'elle arrive en Portugal elle devient tout à fait bénigne. J'ai déjà assisté à plusieurs de ces épizooties. Il y a environ 22 ans, une grande épidémie de fièvre aphteuse a causé un grand nombre de décès dans toute l'Europe. En Portugal, elle a été bénigne. Je me rappelle qu'à la demande de M. le Ministre Bacelli, en Italie, le professeur Lanzillotti est venu en Portugal et a préconisé la méthode d'injections de sublimé corrosif dans les veines des bœufs. Les décès causés par cette méthode ont été plus nombreux que ceux causés spontanément par la maladie. Par là se trouve confirmée la règle générale que je viens de citer, à savoir qu'à mesure qu'une épizootie ou une épidémie s'éloigne de son foyer originaire, elle s'atténue de plus en plus.

S'il en est ainsi, on ne peut pas prescrire l'abatage en Portugal. Si nous acceptions l'abatage comme mesure internationale, ce serait une ruine pour le Portugal, parce que la maladie n'y est presque pas meurtrière. Presque tous les animaux guérissent spontanément au moyen des remèdes ordinairement employés, des mesures de prophylaxie et des mesures sanitaires. Il ne peut donc être question d'appliquer l'abatage en Portugal.

M. le Président. Permettez-moi de résumer la discussion en ce qui concerne la fièvre aphteuse.

Des opinions diverses qui viennent d'être exprimées, il semble résulter qu'en ce qui concerne les mesures de police sanitaire à prendre dans un pays déterminé pour chercher à empêcher le développement de l'épizootie, chaque État doit rester maître de choisir les procédés qui lui semblent les plus efficaces et doit avoir sa pleine liberté pour les appliquer.

Par conséquent, étant donné le nombre de pays qui ont été atteints par la fièvre aphteuse, les mesures qui ont été prises par tous ces pays, nous ne pourrions pas arriver à exercer une action efficace sur les différents Gouvernements pour leur faire changer la méthode qu'ils ont adoptée. Vous venez de voir que, suivant les climats et suivant les régions, on a recours à des procédés tout à fait différents, parce que la maladie s'y présente avec un degré d'acuité plus ou moins considérable. Il faut donc laisser aux divers États le droit absolu de prendre les mesures d'ordre sanitaire qu'ils jugent convenables.

Mais à côté de cela, il y a toute une série d'études qui peuvent très utilement être faites et pour lesquelles une Conférence comme celle-ci, en émettant des vœux et en indiquant une orientation, peut avoir une influence décisive. Il importe que l'on recherche, dans tous les pays, les procédés d'immunisation pratique qui pourront mettre pour un temps plus ou moins long les animaux à l'abri de la contagion.

En disant «procédés d'immunisation pratiques», j'entends parler de procédés peu coûteux et que tout le monde ou presque tout le monde pourra appliquer, soit le simple cultivateur, soit le vétérinaire.

Donc, en ce qui concerne les recherches d'ordre scientifique, il me semble que la Conférence a qualité pour émettre un vœu. Elle a également qualité pour émettre un autre vœu, c'est qu'au fur et à mesure que des recherches auront abouti à des résultats, ces résultats soient communiqués le plus tôt possible à tous les pays intéressés, de façon qu'ils puissent les appliquer partout et que l'on puisse rechercher si, dans des milieux différents, ils présentent la même efficacité.

Deux de nos collègues, le Délégué de l'Argentine et le Délégué des Pays-Bas, ont abordé le problème à un autre point de vue ; ils ont parlé des mesures à prendre pour permettre la sortie du bétail d'un pays où régnerait la fièvre aphteuse pour aller dans d'autres pays.

Le Délégué de l'Argentine demande que lorsqu'un pays est atteint de fièvre aphteuse, il soit tenu de recevoir le bétail provenant d'un autre pays lui-même contaminé.

Sans vouloir établir ici de discussion pour montrer les dangers d'un tel système, je me permets de faire observer que cette solution, de même que celle préconisée par le Délégué des Pays-Bas, rentre dans les attributions de la troisième Commission prévue à notre programme et qui est chargée de rechercher les mesures à prendre par les pays exportateurs de bétail vivant pour donner toutes garanties aux pays importateurs.

Je vous propose de renvoyer la question concernant la fièvre aphteuse, de même que celle qui concerne la peste bovine et celle que nous allons aborder concernant la dourine, à l'examen des Commissions que vous allez constituer. Ces Commissions nous apporteront des conclusions pratiques qui seront présentées à la séance plénière de vendredi.

Je demande à notre Collègue, M. le D⟨r⟩ Beyro, de déposer sur le Bureau de la Conférence la conclusion qui termine l'exposé qu'il a nous a présenté. De même, je demande à M. le D⟨r⟩ de Jong de vouloir bien rédiger, sous une forme très brève, ses conclusions en ce qui concerne la sortie du bétail des Pays-Bas.

Nous abordons maintenant la discussion concernant la dourine.

§ 3. Dourine.

M. Leclainche (*France*). J'ai l'honneur de donner lecture de la note préparée sur cette question par la Délégation française :

« Les récents événements de guerre ont provoqué la création de nombreux foyers de dourine.

« En 1914, la maladie était à peu près inconnue dans l'Europe centrale et occidentale.

« En 1921, la dourine est constatée en Pologne, en Allemagne, en Yougo-Slavie, en Roumanie, en Belgique, en France, en Italie, en Espagne :

« Pologne (janvier) : 2 foyers dans les gouvernements de Lodz et de Varsovie.

« Allemagne (au 28 février) : 12 cantons, 89 communes et 144 écuries, en Prusse (Königsberg, Mersebourg, Erfürt, Minden) et en Thuringe.

« Yougo-Slavie (au 17 mars) : départements de Varasz, Pozeska, Zagreb.

« Roumanie (au 28 janvier) : 8 départements, 157 écuries contaminées, avec 286 malades.

« Belgique (avril) : 18 écuries dans 12 communes, avec 1 étalon et 16 juments atteints.

« France : la dourine est constatée seulement en Alsace, où elle a été importée pendant l'occupation allemande ; on compte, en avril, 152 écuries renfermant des animaux contaminés, réparties dans 33 communes.

«ITALIE (au 27 mars) : 6 provinces (Bergame, Ferrare, Mantoue, Pise, Reggio d'Émilie, Syracuse), 11 communes et 14 écuries contaminées.

«ESPAGNE (février) : 9 provinces (Avila, Burgos, Huesca, Logrono, Navarre, Santander, Teruel, Biscaye, Saragosse), 43 écuries contaminées avec 27 solipèdes morts ou abattus.

« Il est certain que la dourine a été répandue dans toute l'Europe par des juments infectées ramenées de la Russie par les mouvements des armées.

«En Alsace, la dourine est reconnue en juillet 1919 dans l'arrondissement de Sélestat. Une première enquête établit que 10 étalons du haras de Strasbourg, 3 étalons d'un haras particulier de Marckolsheim et 775 juments ont été contaminés dans 64 communes des cantons de Beufeld, Sélestat, Marckolsheim, Ribeauvillé et Andolsheim.

«En Belgique, la dourine est reconnue dans les Flandres en mars 1920. Son origine n'est pas déterminée.

« Il est à considérer que la dourine peut rester méconnue pendant un long temps, soit que des formes à évolution atypique soient seules constatées, soit que les juments affectées soient disséminées en petit nombre dans le pays.

«L'attention des services vétérinaires doit donc être partout appelée sur l'éventualité d'une apparition de la dourine, même en l'absence de tout motif de suspicion. La découverte tardive des foyers reconnus permet de craindre que des juments contaminées aient été transportées hors de ceux-ci pour toute destination.

« Il serait désirable que les méthodes de la prophylaxie et les procédés du diagnostic fussent étudiés de concert par les divers pays intéressés.

« Les remarquables résultats obtenus récemment au Canada fourniront d'ailleurs des indications précieuses à cet égard. »

Ce qui nous a décidés à porter la dourine à l'ordre du jour de cette Conférence, c'est le fait que plusieurs des foyers constatés dans l'Europe occidentale n'ont été que très tardivement reconnus et qu'un certain nombre d'animaux, de juments notamment, ont pu être librement, pendant plusieurs mois, transportés un peu partout. Il est donc possible que des foyers de dourine apparaissent çà et là dans presque tous les pays.

D'autre part, nous demandons à la Conférence d'encourager la recherche expérimentale du traitement, ainsi que des méthodes pratiques de diagnostic de la maladie, méthodes de diagnostic qui sont encore discutées parmi les spécialistes.

M. BISANTI (*Italie*). En Italie, nous avons constaté la dourine d'abord dans la province de Crémone, en Lombardie. Comme M. Leclainche vient de le dire, nous aussi nous avons été surpris par l'infection. On ne pensait pas que la dourine pouvait être importée au cœur de la Lombardie. Les premiers foyers sont passés inaperçus, d'autant plus que la maladie revêtait un caractère plutôt bénin ; elle ne donnait pas lieu à la symptomatologie clinique de la dourine classique, telle qu'on la trouve décrite dans les livres classiques de Nocard et Leclainche, et de Hutyra et Marek.

En examinant la maladie de près, nous n'avons pas eu de difficulté à nous persuader que c'était une forme de trypanosomiase, étant donné qu'il a été possible de mettre en évidence dans l'exsudat des plaques le trypanosome. Mais nous avons constaté que cette infection de dourine semblait différente de la maladie telle qu'elle sévit dans les pays du nord de l'Afrique et qu'elle se présentait avec des caractères bien moins graves au point de vue clinique et au point de vue des conséquences. Un trait particulier est le suivant : on n'arrive pas à inoculer aux animaux qui sont sensibles à la dourine classique le trypanosome de la dourine observée.

Toutes les tentatives possibles ont été faites en Italie pour arriver à infecter des animaux. On a eu recours aux jeunes chiens qui semblent être parmi les animaux d'expérience les plus sensibles. On a même essayé d'inoculer des chevaux sans réussir à transmettre la maladie.

Toutefois, il n'est pas douteux que l'infection que nous appelons en Italie la maladie du coït est bien une trypanosomiase, une forme de dourine. Par le caractère particulier du trypanosome, par les propriétés biologiques de ce parasite, nous sommes tentés de penser que l'infection a pu avoir son origine en Amérique. Nous croyons que la maladie a été importée en Italie par des juments américaines, d'autant plus que les manifestations ont eu lieu surtout dans des fermes où on avait donné aux éleveurs des juments de trait lourd originaires en grande partie du Canada ou des États-Unis d'Amérique.

Notre opinion est donc que la maladie que nous avons actuellement en Italie est la dourine américaine, qui n'a rien à voir ou du moins qui est différente sous bien des aspects, soit au point de vue de la diffusion, soit même au point de vue des conséquences, de la dourine qui sévit en Algérie, dans le nord de l'Afrique, dans les Pyrénées et dans le nord de l'Espagne très fréquemment. L'Italie était indemne de la dourine depuis très longtemps. On avait eu de la dourine dans la Vénétie vers 1856 ou 1857, et depuis ce moment la maladie n'avait plus existé dans le pays. Chose curieuse, nous avons constaté un foyer en Sicile; la maladie semble y être la même que celle du nord de l'Italie, car le parasite se comporte de la même façon vis-à-vis des animaux inoculés.

En ce qui concerne les conséquences économiques de la maladie, nous avons reconnu qu'elles ne sont pas très graves. Nous avons tout de suite engagé une lutte active contre la maladie. Nous avons supprimé de la reproduction tous les étalons qui avaient donné des signes de maladie, même ceux qui n'étaient que suspects ou simplement qui avaient pu avoir des contacts douteux.

Au point de vue du traitement clinique, nous nous sommes très bien trouvés de l'atoxyl, injecté à doses élevées, que les animaux semblent bien tolérer et qui donne de très bons résultats.

L'opinion des services sanitaires sur la dourine qui sévit en Italie est qu'elle est bien moins grave quant à ses effets économiques et à ses effets généraux que ce que l'on aurait pu croire s'il s'était agi du *trypanosomum equiperdum*, trypanosome de la Méditerranée, de l'Afrique, de l'Espagne et d'une partie de la France méridionale.

M. Jonesco Braïla (*Roumanie*). Je ne retiendrai pas longtemps votre attention; je ne veux parler que de choses pratiques.

En Roumanie, la dourine sévit depuis quinze ans, mais pas très gravement et sur un petit nombre de points. Mais, depuis la guerre, je crois qu'elle existe maintenant partout.

Avant la guerre, c'est le professeur Riegler et le professeur Motas qui ont étudié la maladie. Plusieurs thèses de doctorat en médecine portent sur le traitement par l'arsénophénylglycine.

Après la guerre, un de mes collègues de l'école de Bucarest, M. Ciuca, maintenant inspecteur général à la Direction vétérinaire du Ministère de l'Agriculture, a réussi, après des travaux qui ont duré trois années, à guérir la dourine, dans des milliers de cas, au moyen de produits arsénicaux bien connus, comme le disait tout à l'heure notre collègue d'Italie, l'arsénobenzol Guillon et le néosalvarsan. C'est maintenant un fait acquis à la science. On a réussi à stériliser complètement l'organisme, comme l'ont montré 5,000 réactions négatives avec la méthode de Wassermann.

On établit d'abord le diagnostic par l'épreuve du sang, puis on suit le sujet. Ce sont surtout les étalons qui nous intéressent parce qu'il s'agit d'animaux de grande valeur. A peu près tous les étalons de l'État rentrés dans leurs dépôts présentaient des réactions sans présenter des symptômes. C'est ce qui est grave, parce que les statistiques que j'ai trouvées pour la Hongrie ne signalaient que quelques cas seulement de dourine. Maintenant, nous avons constaté que la maladie existait dans des villages entiers de Transylvanie, dont les juments avaient été saillies par un étalon originaire de cet endroit et que l'on ne savait pas malade.

Dans un village roumain, où je suis allé avec M. Ciuca, nous avons traité une quarantaine de juments qui présentaient des symptômes si caractéristiques que l'on a fait venir les étudiants de l'École de Bucarest pour leur faire une leçon clinique.

Pour la prophylaxie, on prélève du sang de chaque jument qui doit être saillie par un étalon de l'État et on ne l'accepte que si la réaction de Bordet-Gengou est négative.

La maladie a été transmise facilement au chien par la transfusion du sang en masse.

M. le Président. Nous vous remercions beaucoup de cette communication.

Nous allons maintenant nommer les trois commissions dont j'ai parlé : la première chargée d'examiner les moyens de grouper tous les renseignements sanitaires et l'utilité de la création d'un Bulletin sanitaire international; la deuxième, chargée d'étudier les mesures à l'exportation en ce qui concerne les animaux vivants, de façon à donner toutes garanties aux pays importateurs; la troisième, chargée d'examiner la création éventuelle d'un Bureau international ayant pour mission de combattre les épizooties.

Nous vous proposons de désigner, pour la première Commission :

MM. von Ostertag, de Roo, Cueva, Santos Aron San Agustin, Leclainche, Prentice, Theiler, Hutyra, de Blieck, Dalkievicz, Bürgi.

Pour la deuxième Commission :

MM. Muessemeyer, Beyro, Kasper, Douchkoff, Stockman, Bisanti, Remmels, Dassonville, Vallée, Vukovitch, Plasaj, Dalkievicz.

Pour la troisième Commission :

MM. Wehrle, Wray, Jensen, Abt, Lutrario, de Jong, Nowak, Nogueira, Kjerrulf, Hamr, Calmette, Pottevin, Eug. Roux.

Chacune de ces Commissions désignera son Président et son rapporteur. Elles se réuniront demain à 15 heures. (*Assentiment.*)

M. Leclainche (*France*). Les listes dont il vient de vous être donné lecture ne sont pas limitatives; elles ont été rédigées à un moment où nous n'étions pas en possession de tous les noms des membres de la Conférence. Chacun des délégués peut donc s'inscrire, s'il le désire, à l'une ou à l'autre de ces commissions, ou passer de l'une dans l'autre.

M. le Président. Personne ne demande plus la parole?...
L'ordre du jour est épuisé.

La séance est levée à 18 heures 45.

RÉUNION DE LA PREMIÈRE COMMISSION.

SÉANCE DU JEUDI 26 MAI 1921.

Présidence de M. LECLAINCHE.

La séance est ouverte à 15 heures.

Présents : MM. von Ostertag, de Roo, Cueva, Santos Aron San Agustin, Leclainche, Prentice, Theiler, Hutyra, de Blieck, Dalkievicz, Bürgi.

La Commission désigne M. Leclainche comme président et M. Bürgi comme rapporteur.

M. le Président. Votre commission doit examiner les conclusions des rapports concernant la peste bovine, la fièvre aphteuse et la dourine. Elle aura à préciser ensuite les renseignements d'ordre sanitaire à échanger entre les divers pays, ainsi que la rédaction des bulletins sanitaires.

En ce qui concerne la peste bovine, vous avez sous les yeux les conclusions proposées par la délégation française. De son côté, M. Hutyra a formulé d'autres propositions que je vais vous soumettre.

M. Hutyra. Mes propositions sont des propositions additionnelles à celles de la délégation française.

M. le Président. Voici les propositions additionnelles formulées par M. le docteur Hutyra :

« La Conférence émet le vœu que la lutte contre la peste bovine soit basée sur les principes fondamentaux suivants :

« 1° Information immédiate par la voie télégraphique lors de l'apparition de la maladie.

« 2° Abatage obligatoire des bêtes bovines malades et suspectes, et aussi, le plus largement possible, des animaux contaminés, quoique sains en apparence, avec une indemnisation large et immédiate.

« 3° Interdiction de l'exportation des ruminants et de leurs produits frais en provenance des régions infectées.

« 4° Interdiction de l'utilisation d'un virus actif dans l'immunisation des animaux.

« 5° Interdiction de la production des sérums et vaccins contre la peste bovine dans des contrées indemnes, exception faite pour les recherches scientifiques. »

Nous allons d'abord procéder à l'examen des conclusions, d'ordre plus général, qui sont présentées par la délégation française. En voici les considérants :

« Considérant que les constatations et les recherches récentes sur les modes de la contagion de la peste bovine, sur la police sanitaire de la maladie et sur la résistance du virus apportent des données nouvelles sur divers points.... ».

Y a-t-il des observations sur ces considérants ?

Puisque personne ne demande la parole, je mets en discussion la première conclusion :

« La Conférence estime : 1° qu'en raison de l'incertitude de nos connaissances sur la résistance des animaux réceptifs et des variations dues à l'espèce, à la race ou à des circonstances individuelles, l'introduction des ruminants et des porcs en provenance de régions qui ne sont pas certainement indemnes constitue un danger qui justifie des mesures de prohibition. »

M. DE ROO. Il est dit, dans cette première conclusion de la délégation française : « ...l'introduction des ruminants et des porcs en provenance de régions qui ne sont pas certainement indemnes constitue un danger.... ». Je voudrais que l'on précisât la pensée exprimée ici.

M. LE PRÉSIDENT. C'est avec intention que nous avons adopté ce texte. Il semblerait plus logique de dire : « ...l'introduction des ruminants et des porcs en provenance de régions contaminées » et M. de Roo désire sans doute que l'on emploie cette dernière formule...

M. DE ROO. A mon avis, il y a lieu de distinguer deux catégories de régions contaminées : d'une part celles où la maladie règne à l'état enzootique, telles que la Russie ou les Indes ; d'autre part, les régions accidentellement contaminées. Je serais d'avis d'étendre la formule aux pays accidentellement contaminés, comme nous l'avons fait en Belgique. Comme toute la surface de notre territoire devait être considérée comme contaminée, nous avons considéré tous les animaux comme dangereux et nous avons défendu l'exportation. Aucun animal domestique belge ne pouvait franchir notre frontière, que ce soit du côté de la France, de l'Allemagne, du Luxembourg, de la Hollande ou de l'Angleterre.

M. LE PRÉSIDENT. Nous ne cherchons ici que les mesures minima qui doivent être prescrites. Mais, nous n'empêchons pas un pays de prendre des précautions encore plus grandes que celles que nous préconisons. Nous n'interdisons à aucun pays de proscrire, non seulement l'introduction des ruminants et des porcs, mais même, s'il le juge nécessaire, celle des chevaux ou des volailles, comme cela a été fait par la France à l'égard de la Belgique. Si la Belgique était à nouveau envahie par la maladie — ce que je ne lui souhaite pas et ce qui est très improbable, — nous serions moins sévères, étant donné ce que nous avons appris sur la peste bovine. Mais chaque pays est libre de prendre telle mesure qui lui semble bonne.

Ce que nous avons voulu dire ici, c'est que les bêtes en provenance de pays qui ne sont pas « certainement » indemnes, et qui doivent être considérés par cela même comme pouvant être infectés, doivent ou peuvent être prohibées légitimement. C'est donc avec intention que nous disons : « les pays qui ne sont pas certainement indemnes ».

Nous ne visons pas les pays d'Europe. Exception faite pour la Russie, nous savons s'il y existe ou non des foyers de peste bovine. Mais, en ce qui concerne les pays tropicaux, la plus grande partie de l'Afrique, par exemple, sur lesquels nous n'avons pas de renseignements sanitaires précis, nous demandons qu'on les traite comme des pays contaminés. Nous sommes parfois fort mal renseignés sur ce qui se passe dans nos propres colonies, à plus forte raison sur ce qui se passe dans des colonies appartenant à des pays étrangers. Il nous est arrivé — nous pouvons en faire l'aveu, — d'ignorer pendant près de deux années qu'il y avait de la peste dans une de nos colonies de l'Afrique occidentale française. En même temps, la colonie sollicitait l'autorisation d'importer du bétail vivant en France. Nous nous y sommes opposés, non pas parce que nous connaissions l'existence de la maladie, mais parce que, n'ayant pas de renseignements sanitaires, nous considérions *a priori* le pays comme contaminé. C'est pour ces raisons que nous avons employé la formule : « des pays qui ne sont pas certainement indemnes »... Il sera toujours facile à un pays qui possède un service de police sanitaire bien organisé de donner l'assurance valable qu'il est indemne...

M. DE ROO. C'est le renseignement que je désirais obtenir.

M. LE PRÉSIDENT. ...mais tout pays qui ne possède pas une organisation à la fois administrative et sanitaire suffisante pour être à même d'affirmer qu'il n'y a pas de peste bovine chez lui doit être considéré comme suspect. (*Approbation*).

M. HUTYRA. Si la Conférence adopte cette proposition, elle accepte déjà comme scientifiquement établi que les porcs constituent un danger en ce qui concerne la propagation de la peste bovine.

Cependant, dans le débat d'hier, il s'est prononcé des opinions contraires ; on n'a pas nié la possibilité de l'infection des porcs ; mais il semble que cette infection ne se produise qu'avec des doses massives. Il n'est pas constaté d'une façon évidente que les porcs sont infectés par la voie naturelle en Europe. On ne sait pas encore si les porcs peuvent infecter les ruminants et s'ils peuvent répandre le virus. Il me semble que ce serait aller trop loin que de déclarer dès aujourd'hui que le porc constitue un danger au point de vue de la peste bovine.

J'aimerais mieux qu'on dise qu'il faut étudier la question. Si les études ultérieures démontrent que les porcs sont vraiment dangereux, nous reprendrons la proposition telle qu'elle est rédigée. Mais, en ce moment, il nous manque encore une base pour déclarer la prohibition des porcs comme justifiée, pratiquement et scientifiquement. En raison de cette incertitude, il me paraît impossible de confondre les ruminants et les porcs dans une mesure de prohibition.

M. DE ROO. Comme le disait M. Leclainche, je me suis fait hier l'avocat du porc. Mais j'envisageais le porc dans les pays accidentellement infectés. C'est autre chose que ce qu'on traite ici.

Hier, j'arrivais à cette conclusion, d'après ce qui s'est passé en Belgique, que le massacre général des porcs était inutile. Sur ce point, on a mal compris ma pensée. On s'est imaginé que je n'étais pas partisan de la prohibition des porcs venant de contrées où la maladie règne à l'état enzootique. On nous signale, par exemple, dans les Indes néerlandaises et en Indo-Chine, la présence de la peste bovine sur les porcs. Je ne suis pas partisan de la restriction de M. Hutyra. Les animaux venant de pays où il est possible qu'il y ait des porcs infectés constituent probablement un danger. Je n'oserais pas prendre la responsabilité de laisser venir en Belgique des porcs des Indes néerlandaises, pas plus que je ne voudrais revoir dans notre pays des zébus de l'Inde anglaise.

M. HUTYRA. Chaque pays peut faire ce qu'il veut.

M. DE ROO. Nous devons évidemment laisser chaque pays libre. Mais nous devons aussi lui donner des conseils.

M. VON OSTERTAG. Pour pouvoir juger de l'étendue du danger que constitue la peste bovine chez les porcs européens, je désirerais que M. Leclainche nous donnât des informations sur les expériences qui ont été faites à Bruxelles à propos de la contamination des porcs par la peste bovine.

M. LE PRÉSIDENT. Les expériences ont été réalisées à la fois par ingestion et par inoculation. Un porc qui avait ingéré du sang virulent a présenté des accidents digestifs; mais il n'est pas mort. L'animal qui est mort avait été inoculé avec deux centimètres cubes de sang virulent. C'est une dose déjà massive pour la peste puisque, dans toutes les expériences de transmission, on employait une dose fixe de 2/10 de centimètre cube. C'est là tout ce que je puis dire, M. le professeur Nicolas n'ayant pas encore publié le compte rendu de ses expériences.

M. DE ROO. Ces expériences m'ont rassuré, car il ne s'agit que de doses massives.

M. LE PRÉSIDENT. Il n'en est pas moins établi que le porc est sur la limite de la réceptivité.

Je fais observer à M. Hutyra qu'il est d'accord avec nous pour proscrire toutes les espèces de ruminants et qu'il y a des différences considérables dans la réceptivité des diverses espèces et même des diverses races de ruminants; il existe des races qui sont, elles aussi, sur la limite de la réceptivité. Cependant, nous admettons que les ruminants doivent être considérés en bloc comme dangereux. La question qui se pose n'est pas de savoir si la preuve est faite que le porc peut être dangereux. Il est au moins suspect. En tout cas, nous ne pouvons plus dire qu'il n'est pas dangereux. Jusqu'ici, sur la foi de résultats négatifs, nous disions : le porc est réfractaire...

M. DE ROO. Le porc des Indes est dangereux.

M. LE PRÉSIDENT. Nous ne pouvons plus dire que le porc est réfractaire. Nous le savons par les expériences de M. de Blieck et des vétérinaires des Indes néerlandaises.

M. HUTYRA. Je ne l'ai pas dit.

M. LE PRÉSIDENT. Je le reconnais. Mais, il me semble que cette conclusion que le porc peut être dangereux justifie les conclusions présentées par la Délégation française. D'ailleurs, nous sommes prêts à donner satisfaction à M. Hutyra en demandant que les expériences sur la réceptivité du porc soient poursuivies. L'opinion exprimée par la conclusion que l'on vous propose est peut-être pessimiste; mais, en matière de police sanitaire, on doit redouter tout ce que l'on ignore.

Le chien, le cheval, contaminés par ingestion ou autrement, détruisent rapidement le virus qui n'a sur eux aucune action; chez le porc, au contraire, le virus agit et peut cultiver. On peut affirmer tout au moins que le porc est un mauvais destructeur de virus.

M. DE BLIECK. Je ne répéterai pas ce que j'ai dit hier. Mais, dans la plupart des livres que nous avons sur les maladies infectieuses, on lit que le porc semble être réfractaire. Il y a là une grande erreur.

Si vous consultiez les travaux des vétérinaires néerlandais sur ce point, travaux qui sont en partie traduits en français, en anglais et en allemand, vous verriez que tous les observateurs sont convaincus que le porc est dangereux et qu'il n'est nullement réfractaire.

Naturellement, il faut adapter les mesures sanitaires aux circonstances locales. Selon que l'infection se produira en Europe ou dans les Indes, peut-être pourra-t-on prendre des mesures différentes. Mais, la conclusion de la Délégation française est juste ; elle est générale ; elle signifie que le porc n'est pas réfractaire, qu'il est dangereux. D'autre part, cette résolution facilitera beaucoup notre tâche. Certains Gouvernements peuvent prendre des mesures en ce qui concerne le porc. Actuellement, dans notre pays, nous ne pouvons pas prendre ces mesures contre les porcs en raison des lois néerlandaises. Grâce à cette conclusion, nous pourrons les prendre et ce sera un grand progrès. Je crois donc que nous pouvons nous rallier à la conclusion que propose la Délégation française.

M. Hutyra. Pourquoi ne pouvez-vous pas prendre de mesures en ce qui concerne les porcs ?

M. de Blieck. Nous avons des lois contre la peste bovine, mais qui ne prescrivent de mesures que contre les ruminants.

M. Huytra. Pour l'exportation et pour l'importation ?

M. de Blieck. Il n'y a pas d'importation dans notre pays ; nous ne faisons que de l'exportation.

M. de Roo. Comme M. de Blieck, j'estime que la conclusion proposée par la Délégation française est très générale et très prudente.

M. von Ostertag. Évidemment, le porc peut être un danger.

M. le Président. Nous n'imposons rien. Nous disons que le porc « constitue un danger » et justifie des mesures prohibitives. Cela ne change rien à la législation des divers États. Ceux qui dès maintenant prohibent le porc continueront à le faire ; pour les autres, c'est un danger que nous signalons à ceux qui ont la responsabilité du service sanitaire.

M. Burgi. J'appuie entièrement la proposition de la Délégation française.

(Le texte de la première conclusion de la Délégation française, en ce qui concerne la peste bovine, est mis aux voix et adopté avec une seule abstention.)

M. le Président. La deuxième conclusion de la Délégation française est ainsi conçue :

« 2° Qu'en ce qui concerne les produits animaux frais, il y a lieu de poursuivre « d'urgence de nouvelles recherches sur la résistance du virus pestique dans les « différents milieux. »

Nous entendons par produits animaux frais, les dépouilles des animaux, les viandes, les laines, les crins, les peaux....... Nous admettons que la prohibition est de droit, qu'il n'y a aucune discussion sur la prohibition de ces produits. Nous pensons également — et hier nous avons déjà esquissé cette discussion en séance plénière — qu'il y a un très grand intérêt, au point de vue commercial et au point de vue du ravitaillement, à poursuivre les études en ce qui concerne les viandes. La question des viandes frigorifiées est grosse de conséquences. Il y a en ce moment des milliers de tonnes de viande flottantes venant du Brésil et que les divers États se repassent.

M. von Ostertag. Il est nécessaire de différencier dans les expériences la virulence de la viande et celle des os. Des expériences ont montré que le virus de la peste bovine peut être détruit dans la viande au bout d'un mois et demi, mais qu'il peut se conserver plus longtemps dans la moelle des os. Cela est très important au point de vue de l'introduction des viandes d'Amérique.

M. le Président. Cette question est d'actualité pour nous. Est-ce que les expériences auxquelles vous faites allusion ont été publiées ?

M. von Ostertag. Non.

M. le Président. Ces expériences démontreraient que la virulence se conserve plus d'un mois dans la moelle des os ?

M. von Ostertag. Plus d'un mois et moins de deux mois.

M. le Président. Mais au bout d'un mois la virulence est détruite dans la viande ?

M. von Ostertag. Parfaitement. Mais il est nécessaire que des expériences complémentaires soient faites sur la question.

M. le Président. Nous pensions pouvoir admettre ces viandes après deux mois de séjour dans les frigorifiques. Mais il y aurait lieu de rechercher si la conservation de la virulence est fonction de la température. Les viandes sont soumises à des températures variant entre $-3°$ et $-12°$. Il est vraisemblable que la température a une influence sur la durée de la conservation du virus, d'où la nécessité de précisions et d'expériences nouvelles sur la question. A quelle température étaient entre tenues les viandes dans vos expériences ?

M. von Ostertag. Ces expériences ont été faites en Afrique, sous une température de 30°.

M. le Président. Alors, vous ne parlez pas de viandes fraîches ?

M. von Ostertag. Non, de viandes séchées.

M. le Président. C'est tout à fait différent.

M. Hutyra. On a abattu beaucoup d'animaux en Galicie. La viande est maintenant emmagasinée à Prszemyl. Il y a là des expériences à faire

M. le Président. En Belgique, on a pris de gros blocs de viande provenant d'animaux infectés. On les a placés dans des boîtes métalliques étanches; on les a transportés dans un frigorifique d'abattoir. Malheureusement, cette expérience n'a pas pu être renouvelée; elle est unique et il faudrait qu'un grand nombre d'expériences analogues soient faites....

M. Hutyra. Qu'a prouvé cette expérience en Belgique ?

M. le Président. Elle a permis de constater que le virus était détruit après un délai d'un mois, la température du frigorifique étant comprise entre — 7° et — 8°.

M. de Blieck. Quel est le grand danger de cette viande ?

M. le Président. Cette viande est transportée un peu partout. Dans les ports de débarquement, les sacs sont déposés sur les quais ; pendant le transport, il se produit souvent des décongélations partielles ; les enveloppes sont souillées par du jus de muscle qui s'échappe des enveloppes. D'autre part, ces viandes sont transportées un peu partout et, dans les campagnes, elles peuvent être déposées n'importe où.

M. Hutyra. Elles sont lavées.

M. le Président. Les produits de lavage de la viande, ou de lavage des enveloppes, peuvent être dangereux. Aujourd'hui, la viande frigorifiée tend à pénétrer un peu partout. On n'en consomme pas seulement dans les villes. Si elle est virulente, elle présente de réels dangers. Lors de la décongélation, les viandes frigorifiées donnent un suc abondant et beaucoup de liquide.

M. von Ostertag. Avez-vous fait des expériences avec de la moelle des os ou seulement avec de la viande ?

M. le Président. Avec de la viande seulement.

Nous voudrions qu'on profitât de la situation en Pologne et que les missions des divers Gouvernements fissent des recherches sur la conservation de la virulence.

M. de Blieck. Je crois qu'on pourrait réunir la deuxième et la troisième conclusion. La peste bovine que nous avons eue récemment en Belgique nous a ouvert les yeux. On n'a pas fait d'expériences en Belgique ; mais on en a fait sur la peste bovine dans les pays tropicaux. Là encore, on ne les a pas faites avec les méthodes nouvelles d'expérience. A mon avis, nous pourrions proposer une conclusion générale disant qu'il est nécessaire de faire de nouvelles expériences sur la peste bovine.

M. le Président. Nous supprimerions la deuxième conclusion qui peut entrer dans la troisième et nous dirions :

« Qu'il y a lieu de poursuivre des recherches expérimentales sur les modes de la « contagion, sur la réceptivité des diverses populations animales, sur les dangers « qui peuvent résulter du transport du virus par des animaux sains en apparence, « sur la virulence des divers produits animaux, et d'une façon générale sur tout ce « qui concerne l'étude expérimentale de la peste bovine. »

M. de Blieck. Cela est nécessaire. A ne considérer que la question des « porteurs de virus », il y a lieu de retenir que des lésions, les ulcères des voies digestives notamment considérés par certains comme spécifiques, sont dépourvues pour d'autres de toute signification.

M. le Président. Il est possible que des lésions ulcéreuses gastriques ou intestinales expriment seulement un état de moindre résistance des tissus, envahis et détruits, au niveau des organes lymphoïdes de préférence, par des microbes pathogènes ou saprophytes.

M. Hutyra. Et même par le suc gastrique.

M. de Blieck. A Java, où nous n'avons pas de peste bovine, on a découvert des ulcères et des cicatrices dans l'estomac; tout le monde croyait à la peste bovine.

M. le Président. Du reste, les analogies entre la peste bovine chez le porc et la peste porcine sont manifestes.

M. von Ostertag. En Afrique, on trouve des lésions de l'estomac qui sont dues à la «fièvre de la côte», "coast fever", et qui sont semblables aux lésions de la peste bovine. Est-ce que les lésions dues à la peste bovine sont semblables aux lésions dues à la peste porcine ?

M. de Blieck. Je crois qu'il y a une grande différence entre les altérations de l'intestin chez les animaux atteints de peste porcine et chez ceux qui sont atteints de peste bovine; dans la peste porcine, il y a des altérations diphtériques.

M. Hutyra. Dans les cas suraigus.

M. de Blieck. Oui. Mais, dans la peste bovine il n'y a pas d'altérations diphtériques.

M. Hutyra. Avez-vous déjà vu la peste bovine chez les porcs?

M. de Blieck. Oui. Je l'ai inoculée du porc au bœuf et du bœuf au porc. Dans un même pays, il peut y avoir aussi la peste porcine; mais la peste porcine n'est pas transmissible au bœuf. A ce sujet, je prierai nos collègues de lire les journaux néerlandais.

M. le Président. Je soumets à la Commission la formule suivante :

«2° Qu'il y a lieu de poursuivre des recherches expérimentales sur les modes de la contagion, sur la réceptivité des diverses populations animales, sur la virulence des divers produits animaux, sur les dangers qui peuvent résulter du transport du virus par des animaux guéris ou sains en apparence, et, d'une façon générale, sur tout ce qui concerne l'étude expérimentale de la peste bovine.»

(La proposition de la Délégation française est mise aux voix et adoptée.)

M. le Président. J'ai à vous soumettre les propositions complémentaires de M. Hutyra en ce qui concerne la peste bovine :

«La Conférence émet le vœu que la lutte contre la peste bovine soit basée sur les principes fondamentaux suivants :

«1° Information immédiate par voie télégraphique lors de l'apparition de la maladie. »

M. Hutyra. On devrait ajouter les mots suivants : «... apparition de la maladie dans des contrées indemnes».

— 51 —

M. de Roo. Il serait plus clair de dire : « . . . dans des pays jusque-là indemnes ».

M. Hutyra. Je me rallie à la proposition de M. de Roo.

M. le Président. Je mets aux voix la première proposition complémentaire de M. Hutyra avec la modification proposée par M. de Roo.

(La proposition est adoptée.)

M. le Président. La deuxième proposition de M. Hutyra est ainsi conçue :

« Abatage obligatoire des bêtes bovines malades et suspectes et, le plus largement possible, des animaux contaminés quoique sains en apparence, avec une indemnisation appropriée. »

M. Hutyra. Il faudrait dire : « . . . avec une indemnisation immédiate ». Il faut parer tout de suite au danger.

M. de Blieck. Je ne crois pas possible de donner un caractère international à une pareille conclusion. Il y a des pays où l'on ne peut pas abattre.

M. von Ostertag. Il en est ainsi pour les pays tropicaux.

M. de Blieck. Dans les Indes britanniques, on ne peut pas abattre. Nous pourrions dire qu'il s'agit seulement d'un vœu.

M. Hutyra. C'est bien ainsi que j'ai compris ma proposition. C'est un vœu...

M. de Roo. Qui ne s'applique qu'aux pays accidentellement infectés.

M. le Président. Cette conclusion ne vaut que pour l'Europe. En Afrique, et en Égypte notamment, on a renoncé à l'abatage. On pratique simplement l'isolement par petits lots, ou même l'isolement individuel. On attache les animaux à une distance de quinze ou vingt mètres et on arrive ainsi à sauver la plupart des animaux exposés.

M. de Blieck. Nous pourrions modifier cette conclusion. Elle n'est applicable que suivant les conditions locales. Il est possible de l'appliquer à Java ou Sumatra ; mais cela est impossible aux Indes britanniques, à cause des conditions économiques et des idées religieuses de ce pays.

M. von Ostertag. L'abatage n'est désirable que dans des pays où il y a une organisation sanitaire complète. Ne pourrions-nous pas borner à l'Europe l'application de cette conclusion ?

M. le Président. Nous pourrions dire :

« En Europe, abatage obligatoire des bêtes bovines malades et suspectes et, le plus largement possible, des animaux contaminés quoique sains en apparence, avec une indemnisation large et immédiate. »

M. von Ostertag. Je proposerai qu'on mette avec « une indemnisation suffisante ».

M. le Président. Suffisante indique peut-être mieux ce que veut exprimer

M. Hutyra. Mais il vaut mieux employer l'expression : « large et immédiate », pour qu'il n'y ait pas de résistance de la part des propriétaires et pour que ces derniers n'hésitent pas à faire la déclaration.

M. Hutyra. Je me rallie à la rédaction que vient de nous soumettre M. le Président.

M. le Président. Je mets aux voix la deuxième conclusion de M. Hutyra, avec les modifications que je viens de vous soumettre.

La conclusion est adoptée.

M. le Président. Nous passons à la troisième conclusion.

M. Hutyra. Cette troisième conclusion est déjà comprise dans les propositions de la Délégation française. On pourrait la supprimer.

M. le Président. En effet, ce paragraphe fait double emploi avec les formules que nous venons d'adopter. Voici la troisième conclusion, que M. Hutyra propose de supprimer :

« 3° Interdiction de l'exportation des ruminants et de leurs produits frais en provenance des régions infectées. »

M. von Ostertag. Ce paragraphe est un peu différent de ce que nous avons adopté, du fait qu'il y est parlé de « produits frais ».

M. le Président. Mais nous sommes tous d'avis que les produits secs ne présentent pas de danger.

M. von Ostertag. Parfaitement.

M. le Président. Nous supprimons donc le 3° paragraphe des propositions de M. Hutyra. (*Approbation.*)

Le 4° paragraphe devient la conclusion complémentaire de M. Hutyra :
« 3° Interdiction de la séro-vaccination simultanée dans les mêmes contrées. »

M. Hutyra. Dans les contrées indemnes.

M. de Blieck. Et dans les contrées infectées ?

M. Hutyra. Ce n'est pas la peine si elles sont déjà infectées. Je me borne à interdire la séro-vaccination dans les contrées indemnes.

M. le Président. M. Hutyra ne veut pas que l'on crée de nouveaux foyers, ou qu'on étende les foyers avec la séro-vaccination. Il faudrait peut-être supprimer le mot « simultanée ». Ce que vous condamnez, c'est la séro-vaccination. Mais on pourrait employer le vaccin d'abord et le virus ensuite, ou bien le virus d'abord et le vaccin ensuite.

M. Hutyra. Je voudrais que l'on dise : « Méthode de la séro-vaccination, avec emploi de virus vivant, dans les contrées indemnes ».

M. DE BLIECK. Ne pourrait-on pas changer la conclusion de M. Hutyra et mettre : « Interdiction de la vaccination avec un virus vivant » ?

M. HUTYRA. Ce serait encore mieux.

M. DE BLIECK. Nos collègues français pourraient nous dire ce qu'ils pensent de l'expression française que nous employons.

M. LE PRÉSIDENT. Nous disons virus actif. Est-ce que votre interdiction s'appliquerait aussi à un virus atténué ?

M. DE BLIECK. Notre interdiction s'applique à tous les virus vivants, que nous considérons comme dangereux. Les microbes de l'anthrax, même atténués, sont dangereux.

M. HUTYRA. Un virus atténué peut être actif pour des animaux très affaiblis.

M. LE PRÉSIDENT. Nous pourrions dire :

« Interdiction de l'utilisation d'un virus actif dans l'immunisation des animaux. » Un virus actif est un virus vivant; il est plus ou moins actif; un virus doué d'une activité moindre, un virus atténué, est encore un virus actif.

(La 3° proposition de M. Hutyra est mise aux voix et adoptée.)

M. LE PRÉSIDENT. Voici la 4° proposition de M. Hutyra :

« Interdiction de la production des sérums et vaccins contre la peste bovine dans des contrées indemnes, exception faite pour les recherches scientifiques. »

M. HUTYRA. Je veux parler de la production « industrielle » des sérums et vaccins.

M. LE PRÉSIDENT. M. Hutyra vise simplement l'interdiction de la production des sérums et vaccins dans des établissements industriels et dans un but commercial. Je demande à M. Hutyra de vouloir bien remplacer le mot « recherches » par le mot « établissements » scientifiques. Les établissements scientifiques doivent pouvoir faire de la production de sérums en grandes quantités en vue d'une large utilisation. On comprend qu'un institut spécial soit créé pour préparer en grandes quantités, au moment nécessaire, des vaccins et des sérums. La formule que propose M. Hutyra deviendrait donc :

« Interdiction de la production industrielle des sérums et vaccins contre la peste bovine dans des contrées indemnes, exception faite pour les établissements scientifiques. »

La conclusion est mise aux voix et adoptée.

M. LE PRÉSIDENT. Nous passons à l'examen des conclusions qui concernent la fièvre aphteuse. Voici les conclusions proposées par la délégation française :

« LA CONFÉRENCE ESTIME :

« 1° Qu'il y a lieu de poursuivre activement les recherches sur l'étude de la fièvre aphteuse, dans le but d'obtenir l'immunisation pratique des animaux exposés.

« 2° Qu'il est désirable que, sans porter aucune atteinte à l'indépendance des investigateurs, des relations s'établissent entre les divers laboratoires spécialisés dans l'étude de la fièvre aphteuse, et que les résultats partiels acquis dans le laboratoire ou dans la pratique, soient aussitôt communiqués et centralisés. (*Très bien.*)

M. DE BLIECK. Peut-être pourra-t-on trouver un traitement tel qu'il ne sera pas nécessaire d'immuniser les animaux. Il serait bon d'insérer dans la proposition un membre de phrase qui laisse la place à d'autres méthodes scientifiques que l'immunisation.

M. HUTYRA. En Allemagne, on a fait des expériences démontrant que le traitement par le sang des animaux convalescents améliore l'état du malade.

M. VON OSTERTAG. Nous avons réalisé de grandes expériences avec le sérum des animaux guéris depuis trois semaines de la fièvre aphteuse. Nous avons eu de très bons résultats, en particulier dans les formes malignes. Depuis le moment où nous avons essayé le traitement avec le sérum d'animaux guéris de la fièvre aphteuse, les cas de mort ont diminué de jour en jour. Chez des cobayes infectés avec le virus aphteux, nous avons expérimenté le sérum des bovidés guéris et celui des bovidés sains et nous avons constaté que le premier seul exerce une action spécifique.

M. BÜRGI. Je ne sais pas si nous allons discuter la question de l'abatage; mais je tiens à dire qu'en Suisse, où nous n'avons pas réussi en pratiquant l'abatage, nous avons fait beaucoup d'inoculations avec du sang défibriné et du sang citraté. Par ce moyen, nous avons eu de bons résultats. Depuis le moment où nous avons commencé les inoculations, les abatages d'urgence ont diminué considérablement.

Autre conséquence : la perte en lait a beaucoup diminué; elle était réduite en moyenne de 20 p. 100 seulement, alors que chez les non traités la secrétion était souvent tarie complètement.

Pour notre pays d'élevage, l'inoculation a présenté encore un grand avantage; alors que, dans certaines épizooties, les jeunes veaux succombent en grand nombre, lorsque vous pratiquez l'inoculation, les veaux sont presque tous sauvés, ainsi que les porcelets et les agneaux.

Ces avantages très réels suffisent pour qu'on prête grande attention à cette question et pour qu'on fasse à l'avenir des recherches sérieuses.

Toutefois je dois reconnaître que l'optimisme qui existait en Suisse, il y a six ou sept mois, a beaucoup diminué. Nous nous apercevons que les accidents secondaires qui, en général, suivent la fièvre aphteuse, se produisent sur le bétail inoculé comme chez le bétail qui n'a pas été traité avec le sang.

Autre désavantage : La population croit toujours qu'il s'agit d'une inoculation de protection; elle oublie que c'est seulement un traitement; on a beaucoup de peine à faire observer les mesures de la police sanitaire. En outre, les vétérinaires officiels dont le temps est pris par les inoculations oublient leur rôle d'agent sanitaire.

Au point de vue de la technique des inoculations avec le sang, il existe des opinions différentes sur les quantités à injecter. Il y a des vétérinaires qui inoculent 100 centimètres cubes; d'autres estiment qu'il faut inoculer au moins 1,500 centimètres cubes.

On nous a demandé de préparer du sérum pour faire des essais d'inoculation préventive au cas où la maladie éclaterait cette année. Nous avons préparé 30,000 doses de sang défibriné de 300 centimètres cubes; nous voulons faire un essai et inoculer tout de suite les troupeaux des pâturages avoisinants. Je ne crois pas que 300 centimètres cubes suffiront; il en faudra au moins 600.

En Suisse, nous attachons une très grande importance à cette question. Nous voudrions qu'elle soit étudiée sérieusement. Notre fortune nationale est surtout faite de notre bétail et de ses produits. S'il était possible de faire des essais internationaux, si certains États s'associaient pour cette étude, nous en serions très heureux. Vous pouvez être assurés que la Suisse acceptera avec plaisir, dans la mesure de ses moyens, les charges morales et financières qui lui seront imposées par la suite en vue de la réalisation de cette étude en commun.

M. DE ROO. L'année dernière, en présence des résultats obtenus un peu partout, j'avais demandé que l'on pratiquât des injections systématiques de sérum sur le bétail récupéré en Allemagne. Lorsque la maladie était constatée, le bétail était envoyé dans nos locaux à la frontière hollandaise, et là on procédait à des expériences sur le bétail et sur les veaux qui naissaient.

Chose curieuse, alors que l'on a obtenu par ce traitement des résultats sur le bétail acclimaté belge, on n'a rien obtenu sur le bétail récupéré en Allemagne. Les résultats ont été considérés comme nuls. Quelle en est la cause ? Est-ce l'acclimatement ? Est-ce autre chose ? Je ne sais. Mais il était intéressant de relater cet échec. Le sérum employé provenait du sang d'animaux allemands guéris depuis trois semaines environ.

M. BÜRGI. Nous avons constaté en Suisse que, par les inoculations, il est possible de transformer la forme grave de la fièvre aphteuse en une forme bénigne. Mais, une fois que la fièvre aphteuse a pris une forme ordinaire, les inoculations n'ont plus d'intérêt. Chez nous, dès que la gravité de la maladie diminuait, on ne commandait plus de sérum. Nous avions des installations à Lucerne, à Zurich, à Berne. D'une semaine à l'autre, nous avons pu fermer ces instituts parce qu'on ne commandait plus de sérum.

M. DE BLIECK. Les expériences avec le sang des animaux guéris ont commencé en Hollande. Nous avons eu de très bons résultats, spécialement sur les veaux ; mais on n'en obtient pas d'aussi bons sur les animaux adultes. C'est pour cela que les conclusions de la délégation française me paraissent excellentes. Il est nécessaire de faire des expériences d'immunisation ; mais il faudrait aussi des expériences de traitement.

M. LE PRÉSIDENT. Nous modifierons la conclusion dans le sens qu'indique M. de Blieck.

M. DE BLIECK. Il est exact de dire que les expériences d'immunisation sont nécessaires. Tout à l'heure M. von Ostertag a dit qu'on avait fait dans son pays des expériences sur les cobayes avec le sérum d'animaux guéris et normaux. J'en ai fait chez les jeunes veaux avec les mêmes résultats. Le sang des animaux guéris est doué d'un pouvoir spécifique. On ne peut obtenir aucun résultat avec le sang des animaux normaux qui ne sont pas guéris. Il est donc nécessaire de faire des expériences d'immunisation et de traitement spécifique de la fièvre aphteuse.

M. LE PRÉSIDENT. Je vous propose de modifier de la façon suivante le premier paragraphe de nos propositions concernant la fièvre aphteuse :

« 1° Qu'il y a lieu de poursuivre activement les recherches sur les études expérimentales de la fièvre aphteuse, notamment dans le but de réaliser des méthodes scientifiques de traitement » (ceci donnerait satisfaction à l'observation très juste de M. de Blieck) «ou d'obtenir pratiquement, soit une augmentation de la résistance, soit une immunisation complète des animaux exposés. »

Rien ne nous dit que des méthodes ne seront pas utilisées dans l'avenir qui permettraient d'obtenir une immunisation complète. Ne désespérons personne.

M. Pottevin. L'augmentation de la résistance peut impliquer l'immunisation complète.

Je dirais tout simplement « . . . d'obtenir pratiquement une augmentation de la résistance des animaux exposés ».

M. Hutyra. Cela a peut-être un autre sens du fait de l'introduction du mot « augmentation ». Il faudrait dire « . . . d'obtenir une immunisation pratiquement suffisante».

M. le Président. La conclusion serait donc ainsi conçue ;

« 1° Qu'il y a lieu de poursuivre activement les recherches sur l'étude expérimentale de la fièvre aphteuse, notamment dans le but de réaliser des méthodes scientifiques de traitement ou d'obtenir l'immunisation pratique des animaux exposés».

La conclusion ainsi rédigée est adoptée.

M. Bürgi. L'article 39 de la loi fédérale sur les épizooties, qui est entrée en vigueur au commencement de l'année courante, donne à la Confédération le droit de créer un établissement destiné à l'étude des maladies contagieuses des animaux, de faire des essais et des travaux concernant les épizooties et de subventionner les recherches qui se font dans ce domaine. Cet article a été inspiré par les vœux, motions et interpellations présentés aux Chambres fédérales par tous les groupements agricoles et vétérinaires.

L'exposé que je viens de vous faire m'oblige à vous demander s'il ne serait pas possible d'ajouter à ces propositions concernant la fièvre aphteuse un troisième paragraphe tendant à créer, si cela est possible, un organisme ou institut international pour l'étude des questions visées aux paragraphes 1 et 2. Les délégués de la Suisse seraient très heureux si l'on pouvait arriver à adopter une pareille conclusion. La Suisse ne peut plus attendre. Il y a plus de vingt ans que nous demandons la création de cet institut. Mais nous ne disposons pas des moyens nécessaires, et si cette conclusion était adoptée ici, nous aurions plus de chances de trouver des personnes qualifiées pour étudier les questions qui concernent la fièvre aphteuse.

M. le Président. La proposition de M. Bürgi tend à la création éventuelle d'un établissement international pour l'étude de la fièvre aphteuse et des questions s'y référant.

M. de Blieck. Je ne sais pas comment vous envisagez cette création dans la pratique. M. Bürgi dit qu'il pense à un Institut international. Peut-être serait-il préférable d'avoir une commission internationale pour les recherches. Il est difficile de créer un Institut international; mais on peut constituer une commission pour les recherches, qui permettrait aux différents pays d'entrer en contact les uns avec les autres et de coordonner les travaux de chacun.

M. Pottevin. Vous avez satisfaction par la résolution que vient d'adopter la troisième commission. La troisième commission s'est prononcée pour la création d'un Office international pour l'étude des maladies du bétail. Cet office, en particulier, pourra provoquer et coordonner les études faites dans tous les pays.

M. DE BLIECK. Il serait bon de dire que nous prenons acte de ces conclusions.

M. LE PRÉSIDENT. Nous croyons qu'il est indispensable de laisser aux chercheurs de chaque pays une liberté absolue; nous ne voulons pas essayer de discipliner la recherche. Ce qu'il faut, c'est coordonner et contrôler des résultats.

Voici la conclusion de la troisième commission à laquelle faisait allusion M. Pottevin :

« La Conférence émet le vœu que soit créé un Office international pour la lutte contre les maladies infectieuses des animaux.

« Il aura essentiellement pour objet :

a) De recueillir et de porter à la connaissance des Gouvernements et de leurs Administrations sanitaires les faits et documents d'un intérêt général concernant la marche des maladies épizootiques et les moyens employés pour les combattre.

b) De provoquer et de coordonner toutes recherches ou expériences intéressant la pathologie ou la prophylaxie de toutes maladies infectieuses des animaux pour l'exécution desquelles il y a lieu de faire appel à la collaboration internationale.

c) D'étudier les projets d'accords internationaux relatifs à la police sanitaire des animaux et de mettre à la disposition des Gouvernements signataires de ces accords les moyens d'en contrôler l'exécution.

« Il sera placé sous l'autorité d'un comité composé des délégués techniques des divers États, qui se réunira périodiquement au moins une fois par an. Il sera rattaché à l'Office international d'Hygiène publique. »

A l'unanimité, la Commission se rallie entièrement aux conclusions qui viennent de lui être notifiées.

M. LE PRÉSIDENT. Nous avons maintenant à examiner les conclusions concernant la dourine. La première conclusion est ainsi conçue :

LA CONFÉRENCE ESTIME :

1° Qu'une surveillance attentive et prolongée doit être exercée sur la constatation éventuelle de foyers de la maladie.

Hier nous avons essayé de vous indiquer les raisons de cette conclusion. Des foyers actuellement constatés en Europe, dont certains ont été tardivement reconnus, des animaux ont pu partir dans toutes les directions. On peut s'attendre à la diffusion de la dourine. Il y a donc lieu d'appeler l'attention des services sanitaires sur cette éventualité.

La première conclusion est adoptée.

Voici maintenant la 2ᵉ conclusion proposée :

2° Que les recherches concernant le traitement, les méthodes pratiques du diagnostic expérimental de la dourine doivent être aussitôt communiquées.

M. HUTYRA. Je voudrais ajouter que ces expériences peuvent porter aussi sur la question suivante : à savoir si les malades traités, et peut-être guéris, restent ou non des porteurs de germes.

M. von Ostertag. Cela est prudent. Il y a des rechutes longtemps après la guérison apparente.

M. le Président. Nous pourrions ajouter :

« . . . et la persistance du virus chez les animaux guéris en apparence. »

Les conclusions concernant la dourine seraient ainsi rédigées :

La Conférence estime :

1° Qu'une surveillance attentive et prolongée doit être exercée dans tous les pays sur la constatation éventuelle de foyers de la maladie.

2° Que les recherches concernant le traitement, les méthodes pratiques du diagnostic de la dourine, et la persistance du virus chez les animaux guéris en apparence, doivent être poursuivies, et que les résultats obtenus doivent être aussitôt communiqués.

Ces conclusions sont adoptées.

M. von Ostertag. Je propose de dire que, pour combattre la dourine, les mesures suivantes sont nécessaires :

« L'approbation de tous les étalons qui font la saillie, l'enregistrement de ces étalons, et le contrôle mensuel de toutes les juments saillies qui peuvent propager la dourine. »
Ces mesures se sont montrées très efficaces en Allemagne.

M. le Président. Dans votre esprit, ces mesures devraient-elles être appliquées dans toute l'étendue du pays, ou seulement dans les régions menacées ?

M. von Ostertag. Dans toutes les régions menacées.

M. le Président. Ce sont à peu près les mesures que notre législation prévoit ; il n'y a pas d'inconvénient à les adopter.

M. de Roq. Il faudrait un contrôle de toutes les juments dans les régions menacées et non pas seulement des juments qui ont été saillies. Si une jument n'est pas fécondée, on la représente généralement à un autre étalon ; de là le danger de toutes les juments. Il faut envisager la généralisation de l'examen de toutes les juments.

M. le Président. De toutes les juments destinées à la reproduction.

Sous cette réserve, il n'y a pas d'opposition aux propositions de M. von Ostertag ?

Ces propositions sont adoptées.

M. le Président. Vous avez entre les mains le rapport concernant le Bulletin sanitaire que nous aurons à établir. Voici le résumé de ce rapport :

« Les documents sanitaires produits ne doivent pas seulement mentionner les renseignements plus ou moins complets obtenus ; ils doivent exprimer l'état sanitaire « réel » du pays à l'instant considéré. C'est à cette condition essentielle qu'ils présenteront un intérêt au point de vue international. Tout relevé incomplet doit être publié avec une mention indiquant expressément cette circonstance. »

Il ne suffit pas qu'un bulletin soit publié indiquant des chiffres d'existence d'une maladie donnée. Il faut que l'on ait la certitude que ces chiffres représentent la totalité des cas réellement observés.

M. Hutyra. La chose se fera pratiquement s'il y a uniformité.

M. le Président. Nous arriverons à ce point dans un instant. Mais le simple fait de publier un bulletin sanitaire n'implique pas qu'on soit renseigné sur l'état sanitaire du pays. Il faut qu'il y ait un réseau d'observations, une organisation sanitaire complète telle que l'on ait, sinon la certitude, au moins toutes probabilités, de connaître tous les cas de maladie qui ont pu se produire. Il ne suffirait pas qu'un pays ne fît surveiller qu'une faible partie de son territoire et publiât les résultats des observations recueillies. Cela revient à dire qu'il est indispensable, pour que les indications sanitaires fournies par un pays soient tenues pour sérieuses et exactes, que ce pays possède une organisation sanitaire complète.

En second lieu, les renseignements sanitaires doivent être échangés en temps utile. Pour certaines maladies, pour la peste bovine par exemple, et même pour la fièvre aphteuse, au début des épizooties, il y aurait nécessité de donner un avis télégraphique aux Gouvernements.

M. Hutyra. Les bulletins arrivent toujours tardivement aux directions des services sanitaires. Par exemple, M. Leclainche n'a pas pu nous donner des renseignements concernant la peste bovine en Pologne dépassant la date du mois de mars ; or, nous sommes à la fin du mois de mai ; les bulletins ne sont pas encore arrivés. Cela tient à ce qu'on envoie les bulletins par la voie diplomatique.

Je propose — nous avons déjà émis le vœu et nous en avons fait l'application dans quelques pays, à Vienne par exemple, — que les directions qui rédigent les bulletins envoient ces bulletins, non par la voie diplomatique, mais directement aux directions du service sanitaire des autres pays ; cela prendrait quelques jours, au lieu de prendre quelques semaines.

M. le Président. Nous sommes entièrement de votre avis. Il n'y a pas d'inconvénients à adopter le point de vue de M. Hutyra. La Suisse procède déjà ainsi. De même, la France et la Belgique s'envoient leurs bulletins directement, de service à service.

M. le Président. Nous demandons que l'échange de nos bulletins soit soustrait aux formalités de l'intermédiaire diplomatique.

M. Pottevin. Nous avons examiné cette question à la troisième commission. Nous avons prévu la création d'un service central qui rendrait ces informations très faciles. Par exemple, pour les informations télégraphiques rapides, chaque pays communiquerait télégraphiquement son information au bureau central, lequel la communiquerait ensuite à toutes les administrations. Pour ne pas avoir de difficultés, nous avons été d'avis que le bureau central prévienne et le Gouvernement et l'administration sanitaire. Tout ce qui passe par la voie gouvernementale perd du temps. D'autre part, le Gouvernement aime être directement informé. Ce ne sera pas une grosse complication que d'envoyer deux bulletins au lieu d'un.

M. Hutyra. Est-ce que cela doit aussi se faire pour les bulletins imprimés ?

M. Pottevin. En ce qui concerne les bulletins, je pense qu'il faudrait adopter un système analogue. Supposez, par exemple, que l'on se mette d'accord sur un modèle de bulletin à adopter par tous les pays, au moins pour les informations principales. Chaque pays sera libre de publier un bulletin complet contenant toutes les indications qu'il veut y mettre. Mais, pour les indications principales, il est important que chacun les connaisse et ne les connaisse pas trop tard. Il est essentiel qu'on soit renseigné immédiatement sur la marche d'une grande épizootie comme la fièvre aphteuse. Pour ces maladies, on pourrait établir un cadre des renseignements à demander. Pour chaque pays, par exemple, les renseignements devraient être décadaires. Ce qui retarde beaucoup l'envoi de ces renseignements, c'est qu'il faut qu'on fasse imprimer les bulletins, qu'on les envoie par la poste. Si ces renseignements n'étaient pas trop volumineux, ils pourraient aussi être télégraphiés

M. Hutyra. Cela n'est pas possible.

M. Pottevin. Alors il faut se borner à l'envoi direct des bulletins.

M. Hutyra. Il faudrait envoyer un exemplaire à la commission centrale, un second au Gouvernement et un troisième directement à l'administration sanitaire.

M. le Président. En ce qui concerne la France, qui est un pays assez étendu, nous recevons des bulletins de 87 départements. L'expérience nous a montré qu'il suffisait d'une période de sept jours pour recevoir ces renseignements, les imprimer et être prêts à les expédier. Lorsque nous publiions un bulletin hebdomadaire, un bulletin était prêt lorsque nous commencions à recevoir les renseignements pour la semaine suivante. Sept jours est un délai un peu court. Mais en dix jours, les bulletins peuvent être partout imprimés et expédiés.

Il serait nécessaire que les bulletins renferment les renseignements relatifs à certaines maladies. Nous pouvons facilement nous mettre d'accord sur la liste de celles-ci. D'ailleurs, tous les bulletins mentionnent les mêmes maladies : péripneumonie contagieuse, clavelée, rage, morve, dourine, fièvre charbonneuse, rouget du porc, choléra et peste aviaires.

M. Hutyra. Le rouget du porc est supprimé en Danemark.

On peut le mentionner à titre facultatif. J'en dirai autant de la fièvre charbonneuse.

M. le Président. Non, à cause de la virulence des peaux, des crins, des laines. Nous avons en France et il existe en Angleterre un « charbon industriel ». Il est intéressant d'avoir des renseignements obligatoires sur la fièvre charbonneuse. Par contre, le charbon symptomatique, peu ou pas contagieux, peut être omis sans inconvénient grave.

M. Pottevin. En ce qui concerne les renseignements sur le charbon, les produits infectieux, les laines qui produisent des accidents viennent presque tous de l'Asie, de l'Afghanistan, de la Perse. Les laines de l'Argentine n'en donnent pas. Nous avons fait sur ce sujet une étude récente en France.

M. Hutyra. La peste aviaire est très difficile à déterminer. Théoriquement, ce serait très nécessaire ; mais les renseignements sont difficiles à obtenir, tant la maladie est répandue.

M. LE PRÉSIDENT. En France, nous ne donnons pas ces renseignements à l'heure actuelle. Nous pouvons reporter le choléra, la typhose et la peste aviaires, dans les maladies à renseignements facultatifs. (*Approbation.*)

M. DE BLIECK. Peut-être serait-il préférable de ne pas nommer toutes ces maladies et d'adopter une formule générale.

M. LE PRÉSIDENT. Nous tomberons facilement d'accord. Quand on compare les bulletins des divers pays, on voit que ce sont les mêmes maladies qui sont mentionnées partout.

M. POTTEVIN. L'idée de M. de Blieck n'est pas de ne pas faire de liste pour les maladies à déclaration obligatoire. Il demande simplement que, pour les autres, on formule une indication générale.

M. LE PRÉSIDENT. Vous admettez la déclaration obligatoire pour certaines maladies ?

M. DE BLIECK. Parfaitement. Mais pour les autres, je voudrais une simple mention.

M. LE PRÉSIDENT. Nous sommes d'accord. Toutefois il serait très intéressant à divers points de vue, que des indications statistiques, aussi complètes que possible, soient données par tous les pays sur la répartition des diverses maladies contagieuses ou simplement enzootiques.

M. NOWAK. Il sera bon de mettre parmi les maladies à déclaration obligatoire l'avortement épizootique.

M. VON OSTERTAG. Ce n'est pas possible. Il est difficile de constater l'avortement épizootique.

M. LE PRÉSIDENT. Il faut laisser cela à l'appréciation de chacun. Un bulletin n'est pas seulement un bulletin international, c'est aussi un bulletin national. Or, il peut être intéressant pour un pays de faire connaître à ses agents que telle maladie existe à certains endroits et n'existe pas dans d'autres. Il y aurait dans le bulletin une partie internationale sur laquelle nous avons à nous entendre, et une partie nationale pour laquelle nous laissons à chaque pays toute liberté d'appréciation.

M. HUTYRA. Il faudrait établir un modèle de bulletin international.

M. LE PRÉSIDENT. Ici, nous ne pouvons que poser les bases qui serviront à établir ce modèle. Nous venons d'arrêter la liste des maladies. Nous pouvons maintenant nous mettre d'accord sur la périodicité du bulletin.
Parmi les bulletins nationaux, les uns paraissent tous les mois, d'autres, comme le bulletin allemand, paraissent tous les quinze jours, d'autres tous les dix jours, d'autres enfin toutes les semaines.

M. VON OSTERTAG. Toutes les semaines, c'est trop fréquent.

M. LE PRÉSIDENT. Primitivement, la France avait un bulletin mensuel. Nous avons constaté que cela était insuffisant; les renseignements ne parvenaient pas à temps à nos agents. Nous étions passés immédiatement au bulletin hebdomadaire. Ce mode de publication offre de multiples inconvénients.

La période considérée est un peu courte ; puis, l'on ne peut pas établir une statistique mensuelle, quatre semaines ne coïncidant pas exactement avec le mois. On n'a plus de statistiques exactes ni par mois, ni par année. Or, il y a intérêt à pouvoir, le cas échéant, constituer des statistiques mensuelles. Nous nous sommes arrêtés à un bulletin qui paraît trois fois par mois, le 1ᵉʳ, le 10 et le 20, c'est-à-dire à une publication approximativement décadaire. A mon avis, on ne peut guère hésiter qu'entre le bulletin de quinze jours et le bulletin de dix jours.

M. von Ostertag. En Allemagne, nous avons un bulletin paraissant le 1ᵉʳ et le 15 de chaque mois.

M. Hutyra. Notre bulletin est hebdomadaire mais nous nous rallierons au bulletin bi-mensuel s'il est adopté par le Congrès.

M. le Président. J'en dirai autant pour la France. Si la Conférence adopte le bulletin bi-mensuel nous modifierons notre bulletin actuel. Mais n'estimez-vous pas que la période de quinze jours est un peu longue ?

M. de Roo. Cela dépend du point de vue auquel vous vous placez. En France et en Belgique, pour rendre service au public commercial qui désire s'approvisionner en bétail dans telle ou telle région, un court délai a été adopté. Pour la fièvre aphteuse, par exemple, pour le public qui consulte le bulletin, plus le délai est court, plus le bulletin rend de services. Il y a des inconvénients, mais il y a aussi des avantages très sérieux à avoir un bulletin fréquent. En Hollande, la presse communique très régulièrement l'état sanitaire tous les huit jours.

Je reçois deux journaux des Pays-Bas et souvent je fais la réflexion que ces publications rendent au public hollandais et au public qui fréquente la Hollande de réels services pour l'achat du bétail.

M. le Président. La Conférence paraît estimer que la publication d'un bulletin bi-mensuel est préférable. (*Assentiment.*)

Le bulletin paraîtra donc le 1ᵉʳ et le 15 du mois. Nous sommes également d'accord sur ce point que les bulletins doivent être expédiés très rapidement. Nous avons envisagé un délai de six à huit jours pour la rédaction ; cela est suffisant. On peut admettre que le délai de dix jours est un maximum. La publication devra se faire dix jours au plus tard après la date fixée. (*Assentiment.*)

Il reste à trouver la formule d'un bulletin idéal.

M. Hutyra. C'est impossible aujourd'hui. Il faut en remettre le soin à la Commission qui sera créée.

Nous occupons-nous dans cette séance de fixer le contenu du bulletin ?

M. le Président. Nous sommes d'avis qu'il y a des maladies qui doivent obligatoirement figurer dans le bulletin. Nous sommes d'accord sur ce premier point. Ces maladies sont : la peste bovine, la fièvre aphteuse, la péripneumonie contagieuse, la fièvre charbonneuse, la clavelée, la rage, la morve, la dourine, la peste du porc. (*Assentiment.*)

Il est indispensable que l'on connaisse, non seulement le total des maladies constatées, mais qu'on ait aussi une idée exacte de leur répartition. Il faut donc que le nombre des malades soit indiqué par divisions territoriales. Il y a dans tous les pays des divisions territoriales qui correspondent à la province ou au département. On doit indiquer autant que possible le nombre des communes, le nombre des exploitations atteintes, et le nombre des foyers constatés.

M. Hutyra. Il faut aussi que les grandes divisions territoriales soient nommées.

M. le Président. Par conséquent, nous admettons la désignation des provinces et des départements, pour qu'on puisse reporter sur la carte les indications. (*Approbation.*)

Il y a entre les bulletins de grosses différences dans la façon de présenter les statistiques. Il est indispensable que l'on puisse se rendre compte du nombre des foyers nouveaux dans la période considérée. Il faut donc que le bulletin mentionne le nombre des foyers nouveaux qui ont été observés, pour qu'on ait à tout instant une indication sur la marche de la maladie. Autrement dit, il faut que l'on connaisse, d'une part le nombre des foyers nouveaux pendant la période considérée, et d'autre part le nombre des foyers existant au début de cette période.

Nous publions par exemple le 1er mai un bulletin pour la période comprise entre le 15 avril et le 1er mai. Il est indispensable qu'il renferme le nombre de foyers existant au 15 avril, le nombre de foyers nouveaux du 15 avril au 1er mai; la situation du 1er mai sera représentée par le total des foyers anciens et des foyers nouveaux et la seconde indication donnera une idée exacte de la marche de la maladie.

M. von Ostertag. Je propose qu'on ajoute l'indication de la localité à celle des foyers nouveaux.

M. le Président. Si l'on veut. Il appartient à chaque pays de le faire. Mais il faut donner le maximum d'indications. Il est difficile d'imposer une formule exacte pour toutes les maladies et nous ne pouvons pas aller plus loin dans les données générales. La rage et la péripneumonie contagieuse ou la fièvre aphteuse ne comportent pas des tableaux identiques.

M. Hutyra. Il faut faire un modèle.

M. le Président. Nous proposerons un modèle sur lequel nous nous mettrons d'accord.

M. Hutyra. Dans ce modèle il serait bon d'indiquer les noms des maladies en latin. Cela se fait dans toute l'Europe centrale.

M. le Président. En Bulgarie, en Tchéco-Slovaquie et en Pologne on donne aux maladies les noms français. Pour donner un caractère international au bulletin on peut employer les mots latins; toutefois l'on devra adopter une terminologie uniforme, les désignations latines ne constituant en réalité qu'une traduction plus ou moins exacte et plus ou moins correcte des appellations nationales.

Le bulletin sera rédigé sur les bases que nous venons de déterminer.

Il n'y a pas d'autres observations?

La séance est levée à 17 h. 20.

RÉUNION DE LA DEUXIÈME COMMISSION.

MESURES À L'EXPORTATION. — STATIONS DE QUARANTAINE.

SÉANCE DU 26 MAI 1921.

La séance est ouverte à 15 h. 20.

La Commission de l'exportation et des stations de quarantaine est constituée par M. Muessemeyer, M. le Dr Beyro, M. le Conseiller Kasper, M. le Dr Douchkoff, Sir Stewart Stockman, M. le Dr Carlo Bisanti, M. Remmels, M. Vukovitch, M. le Dr Plasaj, M. le Dr Dalkiewicz, M. le Vétérinaire-inspecteur Dassonville et M. le Professeur Vallée.

En outre, le Dr Hans Grabowski est attaché à la Commission en qualité d'interprète.

M. Vallée. Je m'excuse d'ouvrir la séance et je vous demande de désigner un Président de cette Commission. Nous pourrions, si vous le voulez bien, en raison de la très haute situation scientifique et administrative qu'il occupe, désigner Sir Stewart Stockman, délégué de la Grande-Bretagne, pour remplir cette fonction. (*Applaudissements*).

Sir Stewart Stockman remercie pour l'honneur qui lui est fait.

Présidence de Sir Stewart STOCKMAN.

M. le Président. J'ouvre la discussion sur les mesures sanitaires applicables dans les pays exportateurs aux animaux exportés afin de donner toute garanties aux pays importateurs.

M. le Dr Beyro. Dans la République Argentine, on prend déjà des précautions à l'égard des animaux importés, mais il vaudrait mieux, pour les pays qui se trouvent dans la même situation, être sûr que des mesures sont prises pour donner des garanties aux pays importateurs, qui désireraient avoir la certitude tout au moins que certaines maladies ne règnent pas au lieu d'origine des animaux, et aussi que ces animaux ont été examinés par des vétérinaires officiels et sont exempts de toute maladie contagieuse au moment de l'embarquement.

5

Je crois que l'on devrait s'entendre pour obtenir que ces garanties soient données : celle concernant l'origine des animaux et celle relative à l'examen au port d'embarquement et à la bonne santé à ce moment. A cet effet, devraient être installés, dans les ports d'embarquement, des lazarets officiels où les animaux subiraient les épreuves tendant à la découverte des maladies latentes.

En ce qui concerne l'exportation, nous inspectons les animaux à l'établissement d'origine ; on ne les laisse pas sortir lorsque dans les trente jours qui précèdent on a constaté des maladies contagieuses. Ensuite, on les embarque dans les wagons en prenant toutes précautions utiles pour les préserver de toute contamination durant le voyage. Le transport est fait directement, par trains spéciaux, du lieu d'origine à Buenos-Aires. Ces trains sont placés sur des quais isolés où les animaux sont mis pendant vingt-quatre heures en observation. Naturellement ces animaux doivent être munis du certificat d'origine donné par un vétérinaire officiel. Enfin on débarque les animaux, et si on n'a constaté aucune maladie, on permet l'embarquement pour l'exportation.

La garantie concernant l'origine des animaux est la question essentielle, et depuis 1903 nous exigeons le certificat d'origine. C'est ainsi que, pour les chevaux, l'animal doit provenir d'une région où n'a été constaté pendant les six mois précédents aucun cas de morve.

Nous estimons que des mesures analogues devraient être prises dans les autres pays. Nous exigeons également que les animaux proviennent de pays où n'a été constaté aucun cas de péripneumonie. Enfin, tous les certificats doivent être officiels et donnés exclusivement par des vétérinaires officiels. Aucune intervention des vétérinaires privés ne devrait être autorisée.

Ces mesures sont prises aussi bien dans l'intérêt des pays importateurs que dans celui des pays exportateurs. L'Argentine a besoin d'animaux européens pour améliorer ses troupeaux ; mais elle a aussi besoin de se prémunir contre les maladies qui n'existent pas chez elle et qui n'y ont jamais existé, telles la peste bovine, la clavelée et quantités d'autres, qui seraient une vraie calamité pour le pays. Ceci explique pourquoi, parfois, nous fermons complètement nos ports aux envois des pays pous lesquels nous n'avons pas de garanties suffisantes.

M. le Président. Les animaux qui arrivent en Argentine sont-ils soumis à quarantaine ?

M. le Dr Beyro. Oui, nous les mettons dans des lazarets modèles où nous pouvons les répartir.

Commercialement parlant, l'Argentine n'est pas un pays importateur ; elle produit plus d'animaux que ce qui lui est nécessaire ; mais elle a besoin de reproducteurs de race pure et de valeur, et c'est ce qu'elle importe. Elle a besoin de ces animaux d'outre-mer, et son seul port d'importation est Buenos-Aires.

Les animaux sont tout d'abord examinés à bord ; s'ils se portent bien, on leur délivre un certificat d'origine et on les met directement au lazaret doté d'un laboratoire. Ils y restent, les bêtes bovines trente jours, les porcs quinze jours, et les chevaux neuf jours seulement.

Tous les bovins sont soumis à l'épreuve de la tuberculine, et pendant ces trente jours ils restent en observation.

Les chevaux sont soumis à l'épreuve de la malléine, et les porcs à celle de la tuberculine.

Tous les animaux qui réagissent sont tués et, en ce qui concerne les chevaux, si un seul d'entre eux réagit à la malléine, tout le lot est sacrifié.

En plus du certificat sanitaire d'origine, on exige de la Compagnie de navigation qui a transporté les animaux, un certificat donnant tous les renseignements sur eux, leurs marques, les noms de leurs propriétaires, etc., et un historique sur la manière dont les bêtes se sont comportées à bord. Les compagnies doivent déclarer s'il s'est produit des cas de mort, et le capitaine doit présenter une déclaration disant que le bateau, depuis trente jours à dater de l'embarquement, n'a touché aucun pays où ont été constatées des maladies exotiques comme la peste bovine, la péripneumonie ou autres, et qu'il n'a pas chargé d'animaux dans ces pays. Ceci, afin d'être sûr que ces animaux venant des pays exportateurs dans les conditions que nous exigeons, n'ont été exposés à aucune contagion après l'embarquement.

Je n'entre pas dans plus de détails et me borne à vous indiquer les mesures générales.

M. le Président. Je demanderai à M. Bisanti de vouloir bien remplir les fonctions de rapporteur.

M. le Dʳ Bisanti accepte de remplir cette fonction.

M. Vallée. De ce que M. le Dʳ Beyro vient de nous dire, ressort la notion très évidente qu'un accord international pourrait aisément intervenir.

Je crois que les nations qui sont représentées ici peuvent arrêter les bases d'un code sanitaire qui donne satisfaction à chacune d'elles, aussi bien dans les conditions requises de surveillance à l'exportation, que dans les conditions nécessaires du contrôle à la réception des animaux.

Nous pourrions nous mettre d'accord sur le champ au sujet de la délivrance des certificats sanitaires exigibles à l'exportation par le pays destinataire, émanant non pas de vétérinaires quelconques, mais bien de vétérinaires agréés par le Gouvernement du pays exportateur et opérant sous son contrôle pour la délivrance des certificats.

Je demande à la Commission de se prononcer sur ce premier point, qui est de nature, je crois, à simplifier nos travaux et à préciser leur orientation.

M. le Dʳ Beyro. Il y a deux points à préciser : l'animal provient d'un établissement où aucune maladie contagieuse n'a été constatée pendant une certaine période ; il a été amené au port d'embarquement sans être exposé à la contagion. Un certificat en outre doit être délivré qui constate que les animaux ont été inspectés au port d'embarquement et soumis à divers contrôles dans le but de s'assurer qu'ils sont exempts de toute maladie.

M. Vallée. C'est le vétérinaire-inspecteur du port qui doit donner ce certificat.

Le vétérinaire qui connaît le mieux l'état sanitaire de l'animal exporté est le vétérinaire qui surveille la région dans laquelle cet animal a été entretenu ; le vétérinaire du port ne connaît que momentanément l'animal exporté ; le certificat qui comporte le plus de garanties est celui qui sera délivré par le vétérinaire du cercle dans lequel l'animal a vécu. Viendra ensuite un certificat du vétérinaire du port ; mais les deux éléments doivent être distincts.

Ainsi, prenant l'exemple de chevaux réagissant à la malléine, il est certain que l'agent responsable est le directeur du service vétérinaire du département de provenance de ces animaux.

M. Remmels. ... sous la responsabilité du Chef du service vétérinaire du pays.

M. Vallée. Le chef du service sanitaire départemental et le vétérinaire du port sont des fonctionnaires de l'État; ils sont, par conséquent, placés sous la reponsabilité du chef du service national, et, en France tout au moins, quand l'un de ces agents délivre un certificat, la responsabilité du chef du service se trouve engagée, puisqu'il s'agit d'un de ses agents.

M. LE PRÉSIDENT. En Angleterre, le vétérinaire délivre un certificat d'épreuve à la tuberculine, et ce certificat, qui est remis au gouvernement étranger, porte le cachet du Ministère. C'est moi qui suis tout d'abord responsable, et lorsqu'une erreur est signalée, je recherche la personne qui l'a commise.

M. le Dr BEYRO. Nous avions parlé d'un lazaret au port d'embarquement, pour l'inspection des chevaux que l'on soumettrait à la malléine.

M. VALLÉE. Nous y reviendrons tout à l'heure. Je demande à la Commission de consacrer ce principe qu'au regard de la sauvegarde internationale soit donné l'engagement de l'Administration centrale d'un pays quelconque vis-à-vis des divers autres. Il y aura là, déjà, quelque chose de très heureux si cette garantie émane d'une autorité supérieure, qui ne peut être que celle du Pouvoir central ou de son représentant.

M. LE RAPPORTEUR. Je trouve très juste ce que M. Vallée vient de dire, mais je crois qu'avant de prendre une décision sur ce point, il serait utile d'envisager la question à un point de vue plus général. Il existe des différences d'appréciation entre M. Vallée et M. Beyro en ce qui concerne les certificats. M. Vallée estime que le certificat qui a la plus grande valeur c'est le certificat d'origine et de santé, c'est-à-dire celui qui est délivré à l'endroit où l'animal a vécu. C'est logique, étant donné que sur 100 cas d'infection 95 proviendront du lieu d'origine, et 5 du transport. Mais il se pose d'abord une question fondamentale, qui est de savoir si l'on doit accepter le principe de la quarantaine dans les pays d'origine des animaux exportés. C'est là le point important. Avant de résoudre la question du certificat il faut savoir si l'on adopte comme un principe la nécessité d'une quarantaine, et dans ce cas la question de l'origine devient moins importante; au contraire, si on ne s'entend pas sur la nécessité de créer des stations de quarantaine pour les animaux à exporter, la question d'origine reprend toute sa valeur fondamentale, conformément à l'avis exprimé par M. Vallée.

Je crois que, en principe, notre Commission devrait examiner s'il y a avantage, au point de vue de la protection des pays importateurs, à établir des stations de quarantaine pour les animaux introduits dans ces pays.

Il y a de grandes différences entre les maladies infectieuses: pour quelques-unes on peut donner des assurances; pour d'autres, cela n'est pas possible. La responsabilité doit revenir à l'État, et nous avons adopté ce principe en Italie. Cela ne nous empêche pas de constater au cours des exportations que, pour certaines maladies, on n'arrive pas à la perfection désirée.

Je voudrais que la Commission se prononçât d'abord sur la question de savoir s'il peut être utile d'adopter le principe de la quarantaine à l'exportation, et pour quelles maladies. On doit subordonner les mesures à prendre, au point de vue de la documentation sanitaire, soit aux origines des animaux, soit à la période où les animaux partent de la station de quarantaine vers le lieu de destination. C'est fondamental. Personnellement, je n'ai pas beaucoup de confiance dans les stations de quarantaine. Ou bien l'animal sera sain à l'origine, et certainement il arrivera sain au lieu de destination, sauf en ce qui concerne certaines maladies qui évoluent lentement; ou bien il s'agira de maladies du genre de la fièvre aphteuse, et on risquera de créer des centres de contamination ; c'est l'opinion de ceux qui pratiquent beaucoup l'inspection sanitaire, et c'est mon cas.

J'avais écrit une note sur ce que nous faisons à ce sujet en Italie, et je vous en donnerai connaissance, si vous le permettez. Mais auparavant je voudrais poser encore une question : nous nous préoccupons exclusivement des animaux, mais je crois que cette Conférence laisserait une lacune assez profonde, si elle ne s'occupait également des produits animaux. Nous savons, par l'exemple de l'Angleterre, quels risques provoquent, non seulement les animaux eux-mêmes, mais aussi les éléments qui en dérivent et qui peuvent constituer des foyers d'infection. Si vous êtes de cet avis, je vous donnerai lecture de la note que j'ai préparée qui vous renseignera sur ce qu'il peut y avoir à faire.

M. le Dr Bisanti donne lecture de la note suivante :

« La protection sanitaire du bétail national contre les maladies contagieuses exotiques a été l'objet d'une constante préoccupation de la part du Gouvernement italien, qui, depuis une époque assez reculée, exigeait le certificat de santé et d'origine pour les animaux et les débris d'animaux en importation et défendait, pour le pays infecté de peste bovine ou d'autres graves épizooties, toute importation animale ou de produits provenant des animaux, ainsi que des fourrages, pailles et tout ce qui pouvait être véhicule, même indirect, de contagion.

« Avec la complète organisation du service vétérinaire dans le pays, qui fut réglée par la loi de 1902, le problème en question fut soumis à un examen détaillé, en cosnidération de son importance au point de vue sanitaire ainsi que du commerce et de l'industrie des animaux et des matières premières d'origine animale.

« Après quelques modifications partielles en rapport avec l'état sanitaire des différents pays, la question fut traitée en général tant pour l'importation que pour l'exportation d'animaux et débris d'animaux, en la soumettant aux dispositions des articles 28 à 36 inclus du Règlement de police vétérinaire approuvé par Décret-Royal du 10 mai 1914, n° 533, sous le paragraphe portant le titre : *Dispositions relatives aux importations et aux exportations d'animaux, viandes et produits d'animaux.*

« Nous nous occuperons ici seulement des dispositions concernant les importations.

« A l'exception des pays avec lesquels il existe des conventions spéciales la réglementation est la suivante :

« Pour les animaux, il est obligatoire qu'ils soient accompagnés d'un certificat de santé et d'origine avec déclaration que l'animal a été reconnu sain à la visite d'un vétérinaire d'Etat ou agréé par l'État, qu'il séjournait depuis quarante jours dans la localité de provenance et que cette localité est indemne depuis quarante jours au moins de toute maladie infectieuse transmissible à l'espèce à laquelle l'animal appartient ;

« Pour les produits et débris d'animaux, à l'exception de peaux desséchées, et des laines lavées, qui peuvent être importées dans le Royaume sans documents sanitaires, un certificat de santé et d'origine est obligatoire, portant la déclaration que le lieu de provenance est indemne de peste bovine ou de toute autre grave épizootie ; quand il s'agit de produits alimentaires, la déclaration sanitaire doit donner les garanties nécessaires à ce sujet.

« Pour bien des provenances, surtout des pays extra-européens, il existe la condition que le certificat de santé et d'origine soit visé par le Consul italien de la région.

« Le nombre des pays pour lesquels il existe interdiction d'importation d'animaux ou de produits et débris d'animaux (sauf les peaux desséchées et les laines lavées) est considérable et il est surtout représenté par ceux où la peste bovine sévit en permanence. A ces pays il a été ajouté, il y a quelques mois, la Pologne et, pour un certain temps, la Belgique. Pour cette dernière nation la défense a été révoquée le 4 mai.

« Les dernières provenances frappées sont celles des États de Saint-Paul, Rio-de-Janeiro et Parana (Brésil) à cause des manifestations de peste bovine qui ont été constatées dans l'État de Saint-Paul.

« Quand nous aurons ajouté que, pour des motifs sanitaires qui visent surtout l'hygiène alimentaire humaine, des dispositions particulières de défense permanente frappent les chèvres de race maltaise ou croisées avec cette race et les porcs et leurs viandes des pays infectés de trichinose, nous aurons donné un aperçu suffisant des principales précautions sanitaires adoptées par l'Italie pour protéger son territoire de l'importation de maladies infectieuses des animaux et pour protéger l'hygiène alimentaire humaine.

« Il est superflu d'ajouter qu'un service vétérinaire aux frontières et dans les ports assure le contrôle le plus rigoureux au point de vue sanitaire.

« Toute cette matière de l'importation des animaux et des produits et débris d'animaux, est réglée par le décret ministériel du 1er octobre 1914 et par d'autres arrêtés, publiés successivement, en rapport avec les conditions sanitaires pour les différentes épizooties qui allaient se produire dans les pays étrangers.

« Une longue expérience a démontré que ces précautions sanitaires peuvent être considérées pratiquement comme suffisantes pour protéger le pays vis-à-vis de l'importation des produits et débris d'animaux ; en ce qui concerne l'importation des animaux sur pied, lorsque dans les pays d'origine les épizooties à tendance très diffusive sont infiltrées, il est presque impossible d'importer, surtout du bétail d'élevage, sans risquer de propager la maladie. Pour cela, quand les conditions sanitaires d'un pays sont anormales, on soumet l'importation à des dispositions plus restrictives et on arrive même à la défense de toute importation.

« Mais les nécessités de la reconstitution alimentaire et zootechnique ainsi que celles de nature industrielle obligent à envisager d'autres possibilités d'importation d'animaux et de produits et débris d'animaux, sous condition toutefois que l'immunité du pays reste garantie.

« Cette question est l'objet d'étude de la part des services sanitaires du Royaume et on entrevoit les possibilités suivantes :

« 1° Pour l'importation des animaux sur pied, l'institution d'un abattoir spécial qui devra être bâti sur la digue d'un grand port maritime, de façon que les animaux puissent être abattus au fur et à mesures qu'ils y sont débarqués ; les viandes qui ne seraient pas livrées immédiatement à l'alimentation, pourraient être conservées dans les frigorifiques du port.

« Ce système pourrait certainement permettre, dans certains cas, une plus grande libéralité, vis-à-vis de conditions sanitaires des pays de provenance ;

« 2° pour les produits et débris d'animaux et surtout pour les laines, les crins et les peaux non desséchées, marchandises qui intéressent si largement le commerce et l'industrie, on prévoit la possibilité de les débarrasser des contagions à craindre (peste bovine, clavelée, etc.) en les soumettant aux ports d'arrivée, à l'action d'une température de $+ 55°$ centigrades pour la durée de temps nécessaire à la destruction totale des virus envisagés.

« A ce sujet on est en train de recueillir auprès des industriels les renseignements nécessaires sur les effets de ce traitement par la chaleur en rapport avec l'emploi industriel de ces produits. Des recherches à cet égard seront aussi faites par des écoles industrielles et si les résultats, comme il est à prévoir, sont favorables, on ne

tardera pas à créer, dans les principaux ports du Royaume, les installations nécessaires à la parfaite réalisation de ce programme. »

M. Remmels. J'estime que les questions que nous discutons en ce moment
constituent en quelque sorte une introduction à une conférence future. Il est, en
effet, impossible de régler entièrement la question.

Je partage entièrement l'opinion exprimée par la Délégation française dans son
rapport. Je parle ici simplement en ce qui concerne les maladies des vaches et des
chevaux, et j'estime qu'il est indispensable de séparer les cas.

Il faut, tout d'abord, en ce qui touche les animaux reproducteurs, voir s'il est
possible de les tenir en quarantaine en pays exportateur et d'obtenir un certificat
sous la responsabilité de l'Etat ou du chef du service sanitaire vétérinaire du pays,
cette quarantaine devant être réglementée par les différents pays selon les maladies.
En second lieu, le cas des animaux achetés par les commissions de transit sur les
marchés mérite examen. Il ne peut être réglé aujourd'hui.

Les pays exportateurs et importateurs seront invités à faire des rapports sur la
question concernant les différentes maladies, question très importante et très
difficile qu'on doit discuter à tête reposée, après des études sérieuses. C'est pourquoi
je préfèrerais que nous nous limitions à la question de l'importation des animaux
reproducteurs. Nous réglerons ultérieurement la question des animaux d'usage
banal.

M. Muessemeyer. Je partage l'avis du délégué des Pays Bas qui croit que la
question qui nous occupe aujourd'hui doit être traitée à tête reposée après avoir
été sérieusement étudiée avant de pouvoir en prévoir l'application pratique. Nous
devons également savoir à quelles maladies les accords à intervenir aujourd'hui
dans cette conférence devront avoir trait. Il y a des maladies différentes selon les
pays, et elles doivent être combattues par les Gouvernements. En Allemagne, les
maladies placées sous la surveillance de l'État sont la morve, la peste bovine, etc.
Dans d'autres pays, il y a une série d'infections dont l'État se désintéresse. Je ne
sais si, aujourd'hui, vous avez l'intention d'entrer dans le détail ou, simplement,
de mettre au point certains principes très caractéristiques des garanties, qui devront
comporter le certificat d'origine et de santé.

M. Vallée. Le but essentiel de la conférence qui se réunit aujourd'hui est de
simplifier les choses et de donner aux divers pays les garanties réciproques qui leur
manquent. Pour que ce desideratum soit satisfait, il faut que chacun des États se
porte responsable à l'égard des autres nations de la sincérité des documents fournis
par lui. La quarantaine constitue évidemment une mesure efficace, quand elle est
praticable. Ce qui est beaucoup plus économique et plus aisé, c'est la garantie du
pays exportateur, et ce qui donne cette garantie, c'est le certificat d'origine et de
santé. Pour que ce document ait une valeur complète, il faut qu'il engage le Gouvernement intéressé.

Je crois que nous pouvons nous mettre d'accord sur ce principe, puis examiner
ce que demande le délégué de l'Allemagne ainsi que les modalités de son application. Tout cela mérite d'être étudié par chaque pays et débattu ensuite dans une
nouvelle conférence internationale. Le principe que nous pouvons fixer aujourd'hui,
c'est que la meilleure garantie à donner par un État exportateur aux Etats importateurs, c'est un certificat d'origine et de santé délivré dans des conditions telles qu'il
représente une véritable assurance à l'égard des pays importateurs.

Chaque État étudiera ensuite les modalités du certificat dont il s'agit, ainsi que
les variations d'adaptation à lui faire subir.

Nous sommes réunis à l'effet de nous entraider. Une première difficulté se présente, celle de la quarantaine, qui est onéreuse et gênante. Essayons de la supprimer.

M. le D' BEYRO. Je crois que l'on doit traiter indépendamment la question du certificat d'origine. Tout à l'heure, on a joint les deux questions ; je crois qu'on doit les séparer et traiter d'abord celle de la garantie donnée par le certificat d'origine.

Dans certains pays il sera difficile de supprimer des mesures ayant trait à ce qui se rattache aux reproducteurs de valeur, qui peuvent supporter une charge de quelques francs qui assure l'entrée en parfait état de santé. M. Vallée disait qu'avec un certificat en bonne forme on pourrait peut-être supprimer toute quarantaine.

M. LE RAPPORTEUR. On renoncerait alors au principe de l'obligation de la quarantaine au pays d'origine ?

M. VALLÉE. Nullement ! Mais les pays qui voudront renoncer à la garantie de la quarantaine seront autorisés à le faire, parce qu'ils sauront que dorénavant le certificat d'origine et de santé délivré par le pays exportateur aura une valeur suffisante.

M. LE RAPPORTEUR. Je crois que le but de cette conférence est d'arriver à une entente générale. Si l'on admet le principe que, dans les pays représentés à la conférence, un certificat de santé et d'origine délivré dans des conditions déterminées de responsabilité de l'État exportateur est suffisant et que, dans ce cas, la quarantaine n'est pas nécessaire, nous devons aussi admettre que l'un des États qui a accepté ce principe ne peut pas imposer cette quarantaine à un autre État contractant. L'obligation de la quarantaine au pays d'origine serait ainsi supprimée.

M. VALLÉE. Oui.

M. DASSONVILLE. Il me semble que tout le monde est d'accord sur ce point et qu'une excellente formule a été indiquée dans les notes qui nous ont été remises. La conclusion des dernières phrases résume très bien ce qui a été dit jusqu'à présent, et pourrait peut-être simplifier la discussion.

M. VALLÉE. Nous sommes du même avis au fond, mais nous ne parlons pas la même langue. Il y a quarantaine et quarantaine. Je comprends qu'un pays exportateur mette en quarantaine et en suspicion légitime les animaux dont il ne peut répondre avant d'en autoriser la sortie.

M. DASSONVILLE. Nous lisons dans le texte préparatoire qui nous est remis :

« Le certificat sera variable en sa teneur selon les exigences du pays importateur et la situation sanitaire du pays de provenance.

« Il pourra mentionner que les animaux sont indemnes de maladies contagieuses déterminées et, s'il y a lieu, qu'ils proviennent de régions également indemnes... »

Voilà qui n'engage que le pays ayant de ces maladies.

« Il doit être délivré par un vétérinaire désigné ou agréé à cet effet par son Gouvernement, ayant reçu des instructions précises, et responsable de l'exécution de celles-ci.

« Les certificats délivrés en d'autres conditions doivent être considérés comme nuls. »

Il me semble que cette formule est générale et que tout le monde peut s'y rallier.

M. LE RAPPORTEUR. Il serait alors entendu par la Commission qu'il n'y a pas obligation de quarantaine au pays d'origine.

M. VALLÉE. Le pays d'origine est libre de prendre toutes mesures propres à assurer la délivrance d'un certificat loyal.

M. MUESSEMEYER. Si j'ai bien compris, l'avis général est que le certificat d'origine et de santé devra être délivré par un vétérinaire fonctionnaire, sous la responsabilité de l'État, mais que l'État restera libre de s'assurer lui-même de la valeur du certificat, sans qu'il soit obligé d'instituer des stations de quarantaine à cet effet.

M. LE RAPPORTEUR. La Commission estimerait donc que chaque État pourra, ou non, selon la maladie considérée, adopter le principe de la quarantaine à l'exportation, qui n'est pas obligatoire, tandis qu'un certificat de santé et d'origine sera nécessairement délivré par un vétérinaire officiel et sous la garantie de l'État.

M. VALLÉE. Oui, c'est la responsabilité de l'État adhérent, qui se substitue à la responsabilité du vétérinaire.
Sommes-nous d'accord ? (*Approbation*).

M. VALLÉE. Je donne lecture de la note relative aux mesures sanitaires à l'exportation, station de quarantaine à l'exportation, préparée à l'intention de cette Commission.

MESURES SANITAIRES À L'EXPORTATION.

STATION DE QUARANTAINE À L'EXPORTATION.

Jusqu'ici, les États importateurs d'animaux ou de produits animaux ont dû se protéger contre les dangers de la contagion par des mesures sanitaires appropriées appliquées lors du débarquement ou du passage à la frontière.

En ce qui concerne les animaux, ces mesures comportent la « visite sanitaire », consistant soit en un simple examen clinique, soit dans l'utilisation de certains procédés de diagnostic rapide (emploi de la tuberculine ou de la malléine).

On exige en outre des « certificats d'origine et de santé », dont la valeur est très différemment appréciée selon les conditions de leur délivrance.

En fait, la « visite sanitaire » des animaux ne fournit que des renseignements très incomplets. En tout état de cause, elle ne permet de découvrir que les malades, et les importateurs ont souvent toutes facilités pour éliminer ceux-ci lors de la présentation à la frontière et pour faire entrer les contaminés. L'obligation de quarantaines d'observation constitue une lourde charge pour le commerce. Elle nécessite d'ailleurs la construction de bâtiments spéciaux, bien aménagés, si l'on veut éviter à la fois les accidents et la contagion. Réalisables dans quelques grands ports, ces installations ne peuvent être multipliées aux frontières de terre, alors surtout que la variabilité des courants commerciaux risque de rendre ces créations inutiles à brève échéance.

Il convient d'ajouter qu'en nombre de cas, la «visite sanitaire» n'est pas certainement efficace, même pour reconnaître les malades. La nécessité de visiter en un temps très limité un grand nombre d'animaux (troupeaux, convois ou chargements importants) aggrave encore l'incertitude des examens. L'emploi de méthodes spéciales de contrôle n'est utilisable qu'en quelques cas et il ne donne encore que des garanties très insuffisantes ; on sait avec quelle facilité les résultats de l'épreuve par la tuberculine sont faussés par les fraudeurs.

La nécessité pour de nombreux pays de multiplier les portes d'entrée du bétail, dans le but de faciliter les transactions commerciales, tend à affaiblir encore l'efficacité d'un contrôle qui ne peut être valablement exercé dans les postes peu importants, ne disposant que d'un personnel insuffisant en nombre, sinon en qualité.

Des considérations d'un autre ordre interviennent encore. Les animaux guéris de certaines affections peuvent rester dangereux pendant un long temps ; d'autres hébergent indéfiniment des agents virulents difficiles ou impossibles à déceler.

Pour toutes ces raisons, le contrôle à l'importation ne peut donner que des garanties relatives et l'on s'explique que les règlements sanitaires de la plupart des États prévoient que les animaux importés devront encore subir chez les destinataires une surveillance sanitaire plus ou moins prolongée.

On comprend aussi que les pays importateurs hésitent à permettre l'introduction d'animaux dont l'état de santé ne peut être garanti avec certitude, quels que soient les examens requis.

En fait, le pays exportateur peut seul recueillir tous les éléments nécessaires à l'affirmation de l'état de santé d'un animal. Le « certificat d'origine et de santé » peut donner toutes garanties, à cette condition d'être délivré à bon escient.

En premier lieu, ce certificat devra être délivré sous la responsabilité du Gouvernement, par des agents dûment qualifiés, effectivement responsables eux-mêmes vis-à-vis de leur Gouvernement.

En second lieu, le texte de ce certificat devra indiquer explicitement la portée des garanties offertes ; il attestera, par exemple, que l'animal ou les animaux désignés sont indemnes de telle ou de telle affection et qu'ils n'ont pas été exposés à la contagion de telle ou telle autre maladie.

On ne peut se dissimuler que la délivrance de tels certificats sera pratiquement très difficile en la plupart des pays ; elle suppose en effet que l'agent qui les délivre connaît l'origine des animaux et l'état sanitaire de l'étable de provenance ; qu'il a pu contrôler également les conditions de transport depuis la sortie de l'étable jusqu'à l'embarquement ou au passage de la frontière (1).

Ces difficultés ont suggéré la création de « stations de quarantaine à l'exportation », dans lesquelles les animaux seraient soumis à un examen prolongé et à une série de contrôles permettant d'affirmer qu'ils sont indemnes de certaines maladies. La Grande-Bretagne a réalisé à Pirbright une création de ce genre. Les bovidés exportés peuvent être mis en surveillance, tuberculinés et même immunisés contre l'avortement épizootique, l'hémoglobinurie et, éventuellement, contre d'autres maladies.

---

(1) En France, un arrêté du Ministre de l'Agriculture, en date du 31 décembre 1920, prescrivait que les bovidés en provenance des Pays-Bas devaient être accompagnés d'un certificat sanitaire attestant que les animaux étaient indemnes de tuberculose, d'avortement épizootique, d'hémoglobinurie ou d'hématurie, de vaginite contagieuse et qu'ils provenaient d'exploitations indemnes des mêmes maladies.

Les vétérinaires d'État néerlandais ont refusé avec raison de délivrer ces attestations en déclarant qu'il leur était impossible de contrôler l'origine des animaux et par là même de certifier l'état sanitaire des étables dont ils provenaient.

Il semble que ce contrôle ne puisse être couramment exercé que pour certaines catégories d'animaux, les reproducteurs par exemple. Il peut intervenir encore alors qu'une prohibition générale est édictée par les pays importateurs, une exception pouvant être faite en faveur des animaux ayant passé par les stations de quarantaine et offrant ainsi des garanties exceptionnelles.

La surveillance exercée devra se prolonger jusqu'à l'embarquement y compris, des mesures étant prises pour éviter tout risque de contagion pendant les opérations nécessitées et pendant le voyage.

Cette question paraît devoir être retenue par la Conférence dans l'intérêt commun des pays exportateurs et importateurs, les conditions du contrôle devant être exactement déterminées.

Si l'on admet que les quarantaines à l'exportation ne sont réalisables qu'exceptionnellement, il y a lieu de se préoccuper des garanties qui peuvent être normalement exigées.

La formule ancienne du « certificat d'origine et de santé » est seule utilisable et peut avoir une réelle valeur si elle est correctement appliquée.

Le certificat sera variable en sa teneur selon les exigences du pays importateur et la situation sanitaire du pays de provenance.

Il pourra mentionner que les animaux sont indemnes de maladies contagieuses déterminées et, s'il y a lieu, qu'ils proviennent de régions également indemnes.

Il doit être délivré par un vétérinaire désigné ou agréé à cet effet par son Gouvernement, ayant reçu des instructions précises et responsable de l'exécution de celles-ci.

Les certificats délivrés en d'autres conditions doivent être considérés comme nuls.

M. le Dr DOUCHKOFF. Je désirerais que le certificat d'origine et de santé portât non seulement sur les animaux mais aussi sur les produits d'origine animale tels que les peaux et les laines qui peuvent porter des germes de maladie.

M. le Dr BEYRO. Je crois que l'on pourrait adopter comme conclusion le texte que nous présentent nos collègues français :

« La formule ancienne du certificat d'origine et de santé est seule utilisable et peut avoir une réelle valeur si elle est correctement appliquée.

« Le certificat sera variable en sa teneur selon les exigences du pays importateur et la situation sanitaire du pays de provenance.

« Il pourra mentionner que les animaux sont indemnes de maladies contagieuses déterminées et, s'il y a lieu, qu'ils proviennent de régions également indemnes.

« Il doit être délivré par un vétérinaire désigné ou agréé à cet effet par son Gouvernement, ayant reçu des instructions précises et responsable de l'exécution de celles-ci.

« Les certificats délivrés en d'autres conditions doivent être considérés comme nuls ».

M. VALLÉE. . . . . avec la réserve demandée par M. le Rapporteur et par M. Douchkoff, à savoir que le même certificat s'applique aux matières inertes comme aux organismes vivants.

M. LE RAPPORTEUR. Je ferai remarquer que les produits en question proviennent souvent de pays qui en connaissent le caractère dangereux, mais que les peaux et autres dérivés proviennent aussi parfois de pays qui l'ignorent.

Le principe à adopter serait donc le suivant :

« On importe les produits qui donnent des garanties suffisantes, soit par un cerficat soit par l'origine. Les pays qui, pour des raisons quelconques, ne peuvent donner ces assurances consentent à se soumettre aux obligations imposées à l'arrivée. »

M. Vallée. Nos colonies jouissent d'une véritable autonomie administrative. Toutes n'ont pas organisé chez elles des services sanitaires reconnus suffisants. Elles ont vu leurs produits refoulés par la métropole. Tout pays qui veut exporter des produits suspects doit donner aux importateurs les garanties nécessaires ; s'il ne les donne pas, la stérilisation intervient pour les produits stérilisables et la prohibition absolue est opposée aux autres éléments.

M. le Rapporteur. On ne peut pas demander ce qu'on ne peut donner, et il est inutile de demander à certains pays d'Asie ou d'Afrique ce qu'ils sont dans l'impossibilité de fournir.

M. Vallée. Alors, qu'ils n'exportent pas !

M. Muessemeyer. D'après ce qui vient d'être dit, j'ai compris que des certificats d'origine devraient également avoir trait aux matières animales. C'est absolument juste, mais je désirerais voir constater formellement par la Conférence que les certificats d'origine pourront également être réclamés par les pays qui autorisent le transit de ces matières animales. Jusqu'ici nous avons laissé passer en Allemagne ces marchandises en transit ; mais, à différentes reprises, des pays ont réclamé de notre part des certificats constatant que ces matières ne présentaient aucun caractère dangereux de contamination. L'Allemagne n'a pas pu donner ces garanties et ces certificats, et différents pays ont refusé la réception des marchandises.

M. Dassonville. Je crois que nous sommes d'accord pour penser qu'il faut se préserver contre les dangers que peuvent présenter ces matières. Mais, pour fixer la manière de faire, il faudrait examiner tous les cas particuliers, comme nous l'avons dit tout à l'heure, et voir quelles sont les diverses maladies à considérer pour déclarer que telle matière ou telle autre est dangereuse. C'est une grosse question, et nous sommes d'accord pour dire que le certificat pourra l'envisager ultérieurement.

Il me semble que si nous étions d'accord pour reconnaître que tous ces principes, sauf les modifications que vous voudrez bien y apporter, sont conformes au bon sens et à la réalité, nous aurions déjà fait un grand pas.

M. le Président. Je crois que tout le monde est d'accord sur ce point. Si nous commençons à discuter des détails, nous resterons ici pendant quelques semaines.

M. Vallée. Nous pourrions nous mettre d'accord sur le principe du certificat d'origine et de santé, et la Conférence pourrait décider que chacun des États adhérents étudiera, pour son propre compte, la teneur de son texte. Une conférence se réunirait ultérieurement pour examiner les propositions de chacun des Gouvernements, les reconnaître bonnes ou les amender, et réaliser un accord définitif

M. le Dr Beyro. Je suis d'accord en ce qui concerne le principe de la garantie au pays exportateur, parce que, dans les cas d'animaux de valeur, on aura plus de garanties si, en plus du certificat d'origine, on a un centre d'observation au port d'embarquement. Je suis complètement d'accord avec M. Vallée, sauf en ce qui concerne la condamnation du principe de la quarantaine.

M. Vallée. Je ne condamne pas la quarantaine!

M. le Président (à M. Beyro). Votre Gouvernement pourra faire pour son compte ce qu'il jugera bon.

A la prochaine conférence, chaque Gouvernement apportera ses propositions et dira : derrière le certificat que j'apporte, il y a telle chose; ce certificat offre telle garantie. Chaque Gouvernement prendra, selon les conditions de lieu, toutes les mesures désirables. Aujourd'hui, une quarantaine sera nécessaire, demain elle pourra ne pas avoir lieu.

M. le Dr Beyro. Je suis complètement d'accord.

M. le Président. Y a-t-il d'autres propositions?

M. le Rapporteur. J'ai compris de la façon suivante la pensée de M. Vallée : l'obligation que nous allons prendre pour nos pays est que, dans le cas d'exportation, le pays d'origine s'oblige à délivrer un certificat qui entraîne, par la façon dont il est rédigé et délivré, la responsabilité morale de l'État qui le donne. Le jour où un animal est présenté à un pays importateur, accompagné du certificat constatant qu'il n'est pas malade, cet animal doit être accepté. C'est là le principe; sinon le certificat n'a pas de valeur. Est laissé au pays d'origine le soin de choisir les garanties qu'il doit donner.

M. le Président. Je crois que tout le monde est d'accord et que je puis mettre aux voix la proposition de M. Vallée.

M. Douchkoff. Je demanderai que la proposition soit d'abord résumée, puis mise aux voix.

M. le Président. Nous allons suspendre la séance pendant quelques instants, afin de permettre de rédiger le texte qui vous sera proposé.

La séance est suspendue pendant quelques minutes.

M. le Président. Je donne la parole à M. le Rapporteur pour la lecture de la résolution qui vient d'être rédigée.

M. le Rapporteur. Nous vous proposons le texte suixant :

La deuxième commission, chargée d'examiner les questions relatives aux mesures sanitaires pour l'exportation, a adopté à l'unanimité les conclusions suivantes :

« Les animaux et produits animaux dangereux, pour être exportés d'un pays à l'autre, devront être accompagnés d'un certificat d'origine et de santé délivré, sous la responsabilité du Gouvernement du pays exportateur, par un vétérinaire d'État ou agréé par l'État.

« Le texte du certificat sera étudié dans chaque pays et les différents textes seront examinés dans une conférence ultérieure, de façon à aboutir à la rédaction d'une formule appropriée, qui sera soumise à l'approbation des délégués des pays adhérents. »

Le Président met aux voix cette résolution qui est adoptée à l'unanimité.

La séance est levée à 17 h. 40.

RÉUNION DE LA TROISIÈME COMMISSION.

SÉANCE DU 26 MAI 1921.

Présidence de M. le Commandeur LUTRARIO.

Le séance est ouverte à 15 heures.

Présents : MM. Dr Wehrle, W. H. Wray, Professeur Jensen, Dr Abt, Commandeur Lutrario, Dr de Jong, Dr Nowak, Professeur Nogueira, Dr Kjerrulf, Hamr, Dr Calmette, Dr Pottevin, Eug. Roux.

La séance est ouverte par M. le Dr Calmette.

M. Calmette. Je vous propose de désigner comme Président de cette Commission M. le Commandeur Lutrario. (*Applaudissements.*)

M. le Commandeur Lutrario prend la présidence.

M. le Président. Je suis flatté de cette désignation qui dépasse beaucoup mes mérites personnels. Mais je l'interprète comme une marque de considération envers le pays que je représente.

Nous avons une tâche quelque peu difficile à remplir. Tout le monde se souvient des étapes que nous avons dû parcourir pour arriver à l'organisation internationale de l'hygiène. Plus de cinquante ans se sont écoulés depuis la première conférence internationale qui a donné naissance à l'Office international d'hygiène. Depuis, huit conférences internationales ont déterminé la matière que cet Office devait traiter. Nous ne pouvons pas penser à arriver d'emblée à l'organisation internationale que nous poursuivons. Nous aurons à vaincre bien des difficultés avant que cet organisme ait toute la vitalité nécessaire.

Je ne veux préjuger en rien des décisions de l'Assemblée; cependant, je voudrais vous soumettre une considération pratique dans le but de donner de la vitalité à l'organisation nouvelle que nous allons proposer.

Nous devrions nous efforcer de la rattacher à une organisation déjà existante, qui a un passé et qui offre toutes garanties de durée et de vigueur. Je fais allusion à l'Office international de l'hygiène. Après tout, cet Office traite une matière analogue à celle qui nous occupe; il s'agit également de prophylaxie, et les bases de la prophylaxie sont à peu près les mêmes, qu'il s'agisse des maladies des hommes ou des maladies des animaux.

Il serait donc du plus grand intérêt, surtout au début, d'étudier ce rattachement, c'est-à-dire, de faire rentrer cette nouvelle branche dans un organisme qui a déjà treize ans d'existence. Il pourrait nous fournir la lymphe qui nous donnerait le moyen de vivre et de prospérer.

Je parle ici par expérience personnelle. Nous avons en Italie une Direction générale de la Santé publique dans laquelle existe un organisme pour les maladies infectieuses de l'homme et un organisme pour les maladies infectieuses du bétail. Ces deux organismes ont chacun leur personnel technique bien distinct, mais au point de vue administratif, ils sont reliés entre eux; ils font partie de la même direction générale, du même ministère.

Je vous propose d'examiner s'il ne serait pas utile de faire quelque chose d'analogue.

Nous avons maintenant à déterminer les matières qui feront l'objet du fonctionnement de ce Bureau. J'ouvre la discussion sur ce point.

La parole est à M. Calmette.

M. Calmette. J'appuie d'une façon générale les suggestions que vient d'émettre M. le Commandeur Lutrario. En effet, il ne faut pas perdre de vue qu'il y a une liaison très étroite entre les maladies animales et les maladies humaines, puisque beaucoup de maladies sont communes aux hommes et aux animaux. Il y a donc un intérêt très grand à ce que les organisations qui s'occupent de réaliser la prophylaxie contre les maladies animales soient intimement liées aux institutions qui s'occupent d'organiser la prophylaxie, et surtout la prophylaxie internationale, des maladies humaines.

Il existe depuis déjà treize ans un Office international d'hygiène publique qui a donné jusqu'à présent des résultats excellents, puisqu'il a permis d'établir un accord entre trente-sept nations qui participent à cet Office.

Cet Office a joué un rôle important, par la publication de son Bulletin, pour renseigner les différents États participants sur les mesures prises dans les divers pays pour la lutte contre les maladies infectieuses humaines et aussi pour renseigner ces États sur les statistiques de morbidité et de mortalité des différents pays en ce qui concerne les maladies humaines.

Il y aurait lieu, me semble-t-il, de calquer l'organisation nouvelle projetée sur cette organisation existante, et il semble qu'a priori il devrait être très facile de réaliser cet accord. Il suffirait vraisemblablement d'une entente internationale réalisée à la demande du Gouvernement français. On arriverait ainsi sans doute assez vite à ce que les États acceptent qu'une organisation indépendante, mais cependant liée très étroitement à l'Office international d'hygiène publique, soit créée.

Peut-être l'Office international d'hygiène publique lui-même ne demanderait pas mieux, si on l'en sollicitait, que de favoriser cette création en lui apportant le concours d'une partie de ses services et peut-être même en lui prêtant, au moins provisoirement, les locaux qui lui sont nécessaires pour se réunir.

M. Pottevin, qui est secrétaire général de l'Office international d'hygiène publique, va nous dire comment il envisage cette union; mais il semble a priori qu'elle puisse être facilement réalisée. J'appuie donc la proposition de M. Lutrario, en demandant si certains de nos collègues n'ont pas d'objections à présenter.

M. le Président. La parole est à M. Pottevin.

M. Pottevin. La question qui se pose à nous est double. Jusqu'ici M. Lutrario et M. Calmette en ont examiné la deuxième partie.

Nons devons nous demander :

1° Y a-t il lieu de créer une organisation permanente pour la lutte contre les épizooties?

2° S'il y a lieu de le faire, comment la réaliser?

C'est seulement après avoir tranché la première question que nous pourrons nous préoccuper utilement de savoir si cette institution, dont nous aurons reconnu l'utilité, doit être rattachée à l'Office international d'hygiène publique.

Je dois dire tout d'abord que je partage l'opinion émise par M. Calmette et par M. Lutrario. J'estime qu'il y a utilité à créer l'organisation, et utilité à la rattacher à l'Office international d'hygiène publique. Permettez-moi de vous indiquer les raisons de cette opinion.

Tout d'abord, nous constatons que la réunion de cette Conférence nous a permis d'échanger très utilement des idées sur la marche des maladies infectieuses, sur la portée des mesures qui leur sont opposées. Il apparaît qu'il serait intéressant que cette réunion ne soit pas unique, mais que des réunions semblables puissent se produire périodiquement, par exemple une fois par an. Eles donneraient même beaucoup plus de résultats, parce qu'une réunion comme celle d'aujourd'hui n'a pas pu être préparée minutieusement.

Si nous avions des réunions périodiques annuelles, au cours desquelles seraient examinées toutes les questions que soulève la prophylaxie des maladies infectieuses du bétail, d'abord à l'intérieur de chaque pays, et ensuite dans les relations internationales, il n'est pas douteux que de l'échange des opinions apportées par chacun résulterait une beaucoup plus grande clarté.

Il n'est pas douteux non plus que ces échanges de vues seraient encore plus fréquents s'il existait un Bureau permanent chargé, entre les réunions, de préparer le travail de la réunion prochaine et de suivre les travaux que la réunion précédente aurait décidé de continuer. Ainsi, lorsque les délégués de tous les pays se trouveraient réunis dans cette salle, ils se trouveraient en présence d'une documentation préparée, de rapports établis sur tous les sujets devant venir en discussion, et le débat serait beaucoup plus fructueux.

De plus, si l'Assemblée décide de poursuivre un certain ordre de recherches et si quelqu'un était chargé, de la clôture d'une réunion à la réunion suivante, de poursuivre ces recherches et de se tenir au courant de ce qui se fait de façon à en informer régulièrement tous les délégués rentrés dans leurs pays respectifs, cet ensemble donnerait aux réunions périodiques une portée qu'elles ne sauraient avoir sans cela.

Telle est, à mon avis, la première utilité de ce Bureau permanent. Sa tâche essentielle serait de tenir des réunions périodiques ; le fonctionnement du Bureau dans l'intervalle des réunions se bornerait à préparer la matière des réunions plénières et à suivre les travaux dont l'étude aurait été décidée.

Voyons dans quel ordre d'idées pourrait s'exercer l'activité de ces réunions et de ce Bureau. D'abord pour les recherches qui intéressent la pathologie et la prophylaxie des maladies infectieuses du bétail, pour la réalisation desquelles il est indispensable de faire appel à la collaboration internationale.

Hier, on a parlé de recherches à faire sur la peste bovine et sur la question de savoir si on pourrait s'entendre pour que les recherches ne puissent être faites partout. Lorsqu'il faudrait entrer dans la voie de la préparation en commun du serum de la peste bovine de façon à en fabriquer des centaines et des milliers de litres, les habitudes d'esprit de la population rurale empêcheraient que ce puisse être fait dans un pays non infecté. Il y a donc des recherches utiles à faire dans l'intérêt de tous et qui, pratiquement, ne peuvent s'effectuer que dans certains pays. Ce sont des recherches pour lesquelles il est indispensable de faire appel à la collaboration internationale.

Cette collaboration pourrait très utilement s'organiser par ce Bureau permanent et les conférences annuelles que j'envisageais tout à l'heure. Chaque conférence étudiera les questions dans lesquelles elle veut demander à tel pays de faire telle expérience déterminée, les conditions dans lesquelles ce pays doit recevoir des autres une aide matérielle et technique. En même temps, le Bureau permanent serait chargé de suivre, dans l'intervalle des réunions, le développement des expériences ainsi décidées en commun. Voilà un premier genre d'activité réservé à l'Office.

Un deuxième concernerait les informations que les pays se doivent, en toute bonne foi, sur l'état des maladies infectieuses du bétail vivant sur leur territoire. Il est de la plus haute importance à tous égards que chaque pays soit exactement renseigné sur ce qui se passe chez ses voisins. Il y a à cela un intérêt primordial, au point de vue même de la sécurité et de la facilité du commerce international des animaux; car toutes les fois qu'un pays est mal renseigné, ou a la sensation qu'il est mal renseigné sur ce qui se passe dans un autre pays, il est porté à prescrire des mesures de restriction excessives qui sont vexatoires et préjudiciables au commerce.

En dehors de l'intérêt qu'il y a, au point de vue de la prophylaxie, à pouvoir suivre l'évolution des maladies contagieuses dans le monde entier, il n'y a qu'à gagner au point de vue même de la facilité des échanges commerciaux.

Les renseignements et les informations que se doivent réciproquement les pays pourraient être de nature diverse. Il y a des maladies comme la peste bovine qui, pour des régions comme l'ouest de l'Europe, sont normalement inconnues ; pour ces pays le danger d'importation de la peste bovine est imminent et toujours grand. Par conséquent, lorsque des cas de peste bovine se produisent dans des pays ainsi ordinairement indemnes, il est important que les autres en aient notification le plus rapidement possible. Pour cela il faudrait demander, comme on le prévoit pour les cas de maladies pestilentielles de l'homme, des informations télégraphiques.

La dispersion des renseignements se ferait d'une façon très simple, par un Bureau permanent situé à un point que vous aurez à déterminer, et auquel le pays atteint télégraphierait le nombre des cas. Ce Bureau serait chargé de prévenir télégraphiquement toutes les administrations sanitaires intéressées. Cela se ferait très facilement.

Si, au contraire, on demande à chaque pays de notifier lui-même à tous les autres pays les cas qui se produisent sur son territoire, cela entraînera des complications ; il faudrait que chaque administration vétérinaire crée un Bureau spécial qui dans la pratique ne fonctionnera peut-être jamais ou dans tous les cas fonctionnera une, deux ou trois fois par an. S'il existe un Bureau central, auquel tous les pays notifieraient télégraphiquement les cas, ce Bureau central aurait toujours de la besogne. Voilà une autre utilité de ce Bureau central.

Pour les maladies comme la peste bovine, nous demanderions la notification individuelle des cas. Il est d'autres maladies, par exemple la fièvre aphteuse — pour rester dans le cadre que nous avons tracé hier, — pour lesquelles il serait inutile et déplacé que chaque pays notifie tous les cas. Il est cependant intéressant que l'on connaisse la marche générale des foyers de fièvre aphteuse.

Si nous jetons les yeux sur les graphiques affichés sur ces murs, nous voyons que pour la France il s'est passé trois ou quatre ans pendant lesquels les foyers de fièvre aphteuse étaient à l'état latent : les courbes sont à o. Je n'en conclus pas que l'infection était à o ; cependant cela prouve que l'infection dans le pays était très peu importante. Puis tout d'un coup, nous voyons la courbe monter ; les foyers latents deviennent, nous ne savons pas pourquoi, des foyers en exacerbation. Il est évident que pour un pays voisin, la Suisse par exemple, il est très important de savoir si nos foyers sont à l'état latent comme ils se trouvaient en 1914 et 1915, ou s'ils sont en état d'exacerbation comme il l'étaient pendant l'année 1920.

Il faut donc organiser, pour ce genre de renseignements, un mode d'information différent du premier, mais qui rentrerait aussi dans les attributions du Bureau central.

Nous ne pouvons pas aujourd'hui, *ex abrupto*, examiner tous les détails d'organisation ; nous envisageons simplement les grandes lignes. Il y aura donc un autre mode d'information réciproque pour cette évolution des foyers. Voilà un deuxième genre d'activité, dans le domaine de l'information réciproque, qu serait réservé à l'Office.

Il y a un troisième point. Ici nous rentrons tout à fait dans les attributions de l'Office international d'hygiène publique. Les autres y entrent aussi, mais celui-ci y entre de plus près. Il s'agit des accords internationaux qui pourront être conclus pour la prophylaxie internationale des maladies contagieuses du bétail. Il y a intérêt à régler, dans une convention internationale, les mesures de police sanitaire vétérinaire à prendre aux frontières dans telle ou telle éventualité. Ces mesures ne font l'objet d'aucune entente entre nations. Pour la prophylaxie des maladies humaines, il existe une convention qui, pour la dernière fois, a été mise au point à Paris en 1912 et qui règle les mesures que, dans telle éventualité, tel pays est autorisé à prendre pour la prophylaxie de la peste, du choléra et de la fièvre jaune. Actuellement cette convention elle-même est sur le métier pour être revue et pour être étendue à d'autres maladies telles que le typhus exanthématique, la variole, la grippe épidémique.

Nous voyons que lorsqu'il s'agit de réglementation de la circulation des hommes et des marchandises au point de vue de la propagation possible des maladies infectieuses de l'homme, les mesures que chaque Etat peut prendre sont fixées par une convention internationale.

Rien de pareil n'existe en ce qui concerne les mesures dont fait l'objet le trafic des animaux. Ce n'est pas qu'on ne s'en soit pas occupé. J'ai, en effet, ici un rapport présenté par notre collègue M. Hutyra, directeur de l'Académie royale de médecine vétérinaire de Budapest, au congrès de Baden-Baden en août 1899. M. Hutyra rappelle que déjà antérieurement plusieurs congrès internationaux, à Vienne, à Bruxelles, et plus récemment à Berne, depuis plus de vingt ans, ont émis à l'unanimité un vœu semblable à celui-ci qui a été adopté par le Congrès de Berne :

« Le Congrès émet le vœu que le Conseil fédéral suisse prenne l'initiative de la réunion d'une conférence internationale ayant pour but d'arrêter les termes d'une Convention internationale sanitaire du trafic du bétail. »

Le Congrès de Baden-Baden a repris ce même vœu d'une façon formelle. Par conséquent, l'idée d'une convention internationale pour le trafic du bétail n'est pas nouvelle ; elle est tout à fait dans l'ordre des choses et elle est de nature à donner plus de garanties à la prophylaxie en même temps que plus de sécurité au commerce.

Pour l'élaboration de cette convention et pour son application interviendrait le Bureau permanent.

Son rôle serait de préparer les accords et de les tenir au courant des progrès de la science. La réunion d'une Conférence internationale avec des plénipotentiaires munis des pouvoirs nécessaires pour signer et pour engager leurs pays est quelque chose de considérable et ne peut pas être fait tous les ans. Si on n'avait, pour arrêter le texte de ces accords, que les conférences plénières avec délégués diplomatiques, il arriverait fatalement que ces textes ne pourraient être revus qu'à de très longs intervalles. Or, la science marche; elle peut faire demain des progrès qui changent complètement les conditions de la prophylaxie d'hier. Le rôle de l'Office sera de suggérer, au fur et à mesure que ces progrès le rendent nécessaire, toutes les modifications qu'il peut y avoir lieu d'introduire dans les accords internationaux.

Grâce à la permanence de cet Office, les accords internationaux seront quelque chose de vivant et de toujours au point.

Voilà comment je concevrais le rôle de l'Office dont nous envisageons la création.

Tout ce que je viens de dire de ce que l'Office pourra faire pour la prophylaxie des maladies infectieuses du bétail, l'Office international d'hygiène publique existant à Paris depuis treize ans le fait pour la prophylaxie des maladies infectieuses de l'homme. C'est une organisation qui fonctionne, qui répond exactement aux mêmes indications. Si donc il entre dans vos vues de créer quelque chose de nouveau, il serait simple, pratique et en même temps économique de le rattacher à ce qui existe.

Pour ne parler que de l'économie, par exemple, nous prévoyons qu'il existera un bureau d'information télégraphique. Cela suppose un agent avec un personnel toujours prêt à recevoir à toute heure du jour, et tous les jours, les informations qui viennent de partout. Lui viendra-t-il tout de suite beaucoup d'informations vétérinaires? Il en viendra certainement lorsque cette organisation sera passée dans les mœurs; mais au début, il serait préférable de pouvoir se servir de l'organisation qui existe pour les maladies humaines. Sa tâche n'en sera pas de beaucoup compliquée. Il y aura donc intérêt à ce que les deux offices soient placés l'un à côté de l'autre.

Pour donner une idée des services que rend l'Office international d'hygiène publique, je puis rappeler que quand sa création fut décidée, en 1907, par la convention de Rome, il ne réunissait qu 11 pays; à l'heure actuelle il en réunit 39; c'est dire que, peu à peu, tout le monde a fini par en comprendre l'utilité.

L'Office pourrait d'ailleurs fonctionner et préparer les conférences annuelles sans attendre que tous les pays représentés ici y aient adhéré. Il y a un précédent. Quand l'Office International d'Hygiène a été chargé de préparer le programme de la Conférence de 1911, l'Allemagne qui n'adhérait pas à l'Office fut invitée à y envoyer un délégué. Elle envoya le professeur Gaffky mort depuis...

M. von OSTERTAG. Il est mort depuis quelques années.

M. POTTEVIN. ...et dont je salue la grande mémoire, certain d'être l'interprète de tous ceux qui l'ont connu.

Si la Commission entrait dans les vues que je viens d'indiquer, nous pourrions rédiger des conclusions que nous soumettrions à la réunion plénière de la Conférence.

Quant aux modes de réalisation, nous les envisagerions ensuite.

M. LE PRÉSIDENT. La parole est à M. Nogueira.

M. NOGUEIRA. La question qui se pose de savoir s'il convient de fonder un Institut international pour les épizooties est un peu analogue à ce que les Italiens ont fait à Rome pour l'Agriculture. Cela me paraît nécessaire à plusieurs points de vue. Aujourd'hui les agriculteurs sont solidaires pour les assurances contre toutes sortes de dangers. Ils sont assurés pour les récoltes, contre l'incendie, contre la mortalité des animaux. Même sans être certain qu'une région sera frappée par un de ces fléaux, tout le monde se cotise, tout le monde contribue à la prévention de ce danger.

Pourquoi n'agirait-on pas de même en ce qui concerne les épizooties ? Un pays peut ne pas être frappé pendant plusieurs années par un de ces fléaux, mais il ne peut pas dire qu'il en sera toujours indemne. Il est donc très juste qu'il contribue à la prévention de ces malheurs au moyen d'une subvention annuelle.

Ces mesures prophylactiques sont actuellement très dispendieuses. Tous les pays n'ont pas des ressources nécessaires pour préparer les sérums, pour organiser les différents moyens par lesquels on peut combattre les maladies contagieuses. De même qu'à l'intérieur d'une nation toutes les provinces ne peuvent pas préparer les différents moyens d'immunisation, de même il est juste qu'en Europe une nation centrale soit chargée de ces préparations, à la condition que tous les autres pays y contribuent. Lorsqu'un pays sera frappé, cette nation centrale fournira les moyens nécessaires pour organiser la lutte.

Ce que nous proposons est analogue à ce qui se fait en matière d'institutions d'assurances. C'est le même esprit de prévoyance.

Je connais l'état de mon pays. Le Portugal n'est pas, dans la civilisation européenne, aussi avancé, par exemple, que la France ou l'Allemagne, Nous n'avons pas une organisation vétérinaire parfaite. Je considère que ce n'est pas dénigrer son pays que de déclarer franchement sa situation.

Le Portugal a une organisation vétérinaire imparfaite. Le nombre des vétérinaires n'y est pas suffisant pour relever tous les cas de maladies contagieuses qui peuvent apparaître sur le territoire. Les statistiques que nous avons sont très incomplètes, De sorte qu'une maladie peut éclater inopinément dans le pays sans que les vétérinaires s'en aperçoivent.

Un pays comme le mien, qui a des colonies étendues en Afrique orientale et occidentale, en Asie, en Océanie, qui importe des animaux de tous ces pays lointains, peut voir, comme cela s'est produit il y a peu de temps en Belgique, son territoire infecté par la venue d'animaux atteints de maladies contagieuses. L'imperfection du service sanitaire de notre pays peut être cause d'une propagation du fléau dans toute l'Europe et même dans le monde. Or, si on crée, à Paris par exemple, un institut comme celui qui est proposé par la Délégation française, non seulement le Portugal devra subventionner cette institution, mais il aura encore le devoir de perfectionner son organisation vétérinaire. Ainsi, le simple fait qu'il existera une organisation centrale à Paris contribuera au perfectionnement de l'organisation du service sanitaire du Portugal lui-même.

Je cite le Portugal comme exemple ; mais bien d'autres pays sont certainement dans la même situation. Il y aura une émulation et ces pays n'oseront pas continuer à avoir des services vétérinaires par trop inférieurs à ceux qui existent ailleurs.

Un pays pauvre ne peut pas avoir une organisation parfaite ; mais en donnant sa quote-part, comme cela se fait pour les assurances contre les fléaux de l'agriculture, il contribuera aux progrès de l'organisation sanitaire générale. Ainsi, tant du côté économique que du côté moral, l'organisme que l'on propose de créer me paraît désirable. Peu à peu l'Europe et le monde entier s'organiseront suffisamment pour pouvoir lutter solidairement contre l'expansion des épizooties.

Tels sont les motifs pour lesquels j'appuie la proposition de la Délégation française tendant à proclamer l'obligation internationale de créer soit à Paris, soit en un autre endroit que la Conférence désignera, en Europe centrale, un Office international des épizooties.

M. le Président. En ce qui concerne le rattachement à l'Office international d'hygiène publique, ce serait peut-être aller un peu loin que de créer pour le moment une organisation internationale telle qu'elle puisse fournir les moyens à un pays qui a une organisation sanitaire imparfaite, de lutter contre les maladies infectieuses.

M. Pottevin. Il me semble que ce n'est pas tout à fait ce que dit M. Nogueira M. Nogueira ne méconnaît pas que l'organisation à créer ne sera pas de taille à venir matériellement au secours d'un pays menacé.

M. Nogueira. Ce n'est que peu à peu qu'on y arrivera.

M. Pottevin. Il dit que pour un pays comme le Portugal, le seul fait d'adhérer à cet Office international le placera dans l'obligation de perfectionner ses services vétérinaires, de façon à répondre aux obligations qu'il contractera le jour où il viendra s'asseoir avec les autres pays à la table de la réunion.

M. Nogueira. C'est bien là mon idée. Je m'excuse de n'avoir pas pu l'exprimer d'une façon suffisamment claire.

M. Nowak. La conversation que nous avons suffit à montrer la nécessité de créer un bureau permanent. Quant à moi, je suis d'avis que la France peut faire cela puisqu'il existe déjà un organisme. Actuellement il serait difficile de créer quelque chose d'absolument nouveau. Nous avons ici un organisme qui a une pratique de treize années, il est donc tout naturel que nous rattachions notre Bureau à ce Bureau permanent déjà existant.

M. Eugène Roux. Notre collègue du Portugal a fait allusion au Bureau international de Rome qui a été créé ou qui est en voie d'organisation. Je tiens à rappeler que l'initiative est due à notre pays.

Nous avions été frappés du fait que les maladies des plantes causent des dégâts considérables, que beaucoup de pays n'ont pas d'organisations sanitaires contre les maladies des plantes et que cela peut faire courir à l'agriculture un gros danger. De là, l'idée d'une entente internationale pour lutter contre les maladies des plantes, c'est-à-dire contre les épiphyties. C'est la France qui a pris l'initiative de provoquer la réunion à Rome d'une conférence internationale analogue à la nôtre et qui a proposé de rattacher le Bureau des épiphyties au remarquable établissement qui existe à Rome et qui s'appelle l'Institut international d'agriculture, bureau international qui dispose déjà d'une foule de renseignements.

C'est la même idée qui nous a poussés à provoquer la réunion d'une conférence sur les épizooties et il semble que, puisqu'il existe déjà pour les épidémies un Bureau international, le plus simple serait, je ne dirai pas d'annexer, mais d'accoler notre organisation à ce Bureau. Cela s'explique d'autant mieux que ce sont les mêmes méthodes qui sont employées et que les maladies des animaux, très souvent voisines de celles des hommes, leur sont parfois communes. Les mêmes méthodes prophylactiques étant employées, il est logique, tout au moins serait-il expédient et rapide, d'accoler l'organisme permanent dont la création est proposée à l'Office international d'hygiène publique.

M. Pottevin a défini très clairement les attributions que pourrait avoir ce Bureau international. Dans une Commission qui siège à côté de nous, on examine en ce moment la question relative aux échanges de renseignements concernant les maladies contagieuses et la publication des bulletins sanitaires. J'espère que nos collègues vont se mettre d'accord sur la nécessité d'une entente pour que dans chaque pays les statistiques soient établies fréquemment et qu'il y ait un bulletin périodique. Ces résultats statistiques seront communiqués dans tous les pays.

Comme l'a fait remarquer M. Pottevin, s'il existait un organisme central, cela deviendrait tout à fait simple, puisqu'au lieu d'être obligé de faire les communications à chacun des pays, on ne les ferait qu'à l'organisme central qui se chargerait de faire parvenir ces renseignements à tous les intéressés.

La mission principale de ce Bureau international sera de centraliser les renseignements statistiques.

En second lieu, il est logique qu'il centralise en même temps les renseignements d'ordre scientifique. Ce faisant, tous ceux que ces questions intéressent s'adresseront à lui. Il se produira une coordination des efforts et il en résultera au point de vue scientifique un progrès certain.

Enfin, en troisième lieu, le jour où la nécessité apparaîtra d'une entente pour l'unification de certaines mesures de protection qui sont prises à l'importation, mesures souvent dictées par des craintes excessives, il sera plus facile de la réaliser. Lorsqu'on aura la certitude de connaître exactement la situation sanitaire de tel ou tel pays, il deviendra aisé, par des accords internationaux, de réduire les mesures de protection au strict nécessaire, dans l'intérêt de la liberté commerciale et des échanges commerciaux.

Ces trois points définis par M. Pottevin me paraissent justifier entièrement la création d'un Bureau international.

M. le Président. La parole est à M. de Jong.

M. de Jong. Je voudrais faire quelques remarques au sujet de l'union du Bureau international d'hygiène publique et du Bureau à créer éventuellement pour les épizooties.

Comme l'a très bien fait remarquer M. Eugène Roux, il y a un contact évident entre ces deux sujets. Quand on est professeur de pathologie comparée, on sait qu'il est impossible de séparer ces deux branches ; puisqu'il existe un Bureau international d'hygiène publique qui traite des maladies des hommes, il est tout à fait rationnel d'unifier ces deux Bureaux.

L'utilité d'un Bureau des épizooties est incontestable. Il n'est pas possible de séparer la santé des hommes de celle des animaux. Il me semble, dans un intérêt international et aussi dans un intérêt économique et surtout hygiénique, nécessaire de faire l'union entre ces deux Bureaux, avec cette réserve, bien entendu, que chaque Bureau sera indépendant et pourra envisager des mesures qui peuvent être divergentes.

Au nom de mon pays, j'adhère à la proposition de la Délégation française.

M. le Président. La question me semble posée dans les termes les plus justes. Tous les Délégués paraissent d'accord sur la nécessité, d'abord de la création d'un Bureau international, et ensuite du rattachement de ce Bureau à l'Office international d'hygiène publique qui existe déjà. M. Pottevin a exposé très clairement les raisons qui doivent appuyer la création de cette organisation et il en a indiqué la constitution. Il a dit que ce Bureau devait avoir un Comité à l'instar de ce qui se produit pour l'Office international d'hygiène publique. Il a cité parmi les attributions de cet organisme l'information sanitaire et scientifique, la tâche de préparer des conventions internationales, d'élaborer des textes et des résolutions qui seront ensuite soumis aux réunions internationales. Ainsi, la figure de cette organisation nouvelle me semble bien indiquée. Je crois interpréter les sentiments de tous mes collègues en priant M. Pottevin de vouloir bien être le rapporteur de notre Commission auprès de la Conférence plénière et de rédiger les conclusions qui devront lui être présentées.

M. Pottevin. Bien volontiers.

Il faut aussi que nous envisagions la réalisation pratique. Mais cette réalisation doit se poursuivre par la voie diplomatique. Tout ce que nous pouvons faire ici, c'est demander au Gouvernement français qui, je le sais, est prêt à accueillir notre demande, de prendre les initiatives nécessaires pour la faire aboutir.

Nous pourrions, en outre, charger deux d'entre nous, de se tenir à la disposition du Gouvernement français pour toutes informations utiles.

M. Calmette. Je voudrais insister sur le fait qu'il est très désirable que le nouvel organisme soit constitué surtout par des techniciens. En effet, dans l'Office international d'hygiène publique, le rôle des techniciens est plutôt réduit. Le nombre des diplomates, par rapport à celui des techniciens, est beaucoup trop grand. Il faudrait éviter cet écueil et faire en sorte, dans l'organisation que nous allons créer, que le côté technique soit prépondérant.

Cela est d'autant plus important qu'un des rôles essentiels de ce nouveau Bureau sera de provoquer des recherches, de provoquer aussi dans certains pays la création de laboratoires spécialement affectés, par exemple, à la préparation de sérums ou de vaccins.

Je suppose, en ce qui concerne la peste bovine, qu'on décide d'organiser quelque part un laboratoire, de façon à avoir toujours à la disposition des pays menacés une réserve de sérum antipestique. Ce laboratoire devra naturellement être dans un pays où la peste bovine est endémique, mettons l'Egypte. Il faudra que tous les pays participant au nouveau Bureau international s'occupent d'entretenir ce laboratoire, de lui suggérer des recherches qu'il y aurait lieu d'entreprendre ou de poursuivre; il faudra que ce laboratoire soit à la disposition de tous les pays participants pour leur fournir, en cas d'invasion de peste bovine, les moyens de lutter contre cette maladie; il devra envoyer, au premier avis, la quantité de sérum nécessaire.

Le côté technique de ce bureau, sera, je le répète, tout à fait prépondérant; il est donc très important que les Délégués de notre Commission soient présents lorsque le Gouvernement français négociera avec les autres pays. (*Approbation.*)

M. Pottevin. M. le Président me demandait tout à l'heure de présenter les conclusions qui devront être soumises à la réunion plénière. J'ai déjà préparé ces conclusions; je puis vous en donner lecture. Les voici :

« La Conférence émet le vœu :

« Que soit créée une organisation internationale permanente pour la lutte contre les maladies infectieuses du bétail.

« Elle aura pour objet principal :

« *a*) De provoquer ou de coordonner toutes recherches intéressant la pathologie ou la prophylaxie des maladies infectieuses du bétail pour l'exécution desquelles il y a lieu de faire appel à la collaboration internationale;

« *b*) De recueillir et de porter à la connaissance des administrations sanitaires les faits et les documents d'un intérêt général concernant la marche des maladies épizootiques et les moyens à employer pour les combattre;

« *c*) D'étudier les projets d'accords internationaux relatifs à la police sanitaire des animaux et de mettre à la disposition des Gouvernements signataires de ces accords les moyens d'en contrôler l'exécution.

« Elle sera placée sous l'autorité d'un Comité composé des délégués techniques des divers Etats, qui se réunira périodiquement, au moins une fois par an.

« Il y aurait intérêt à ce qu'elle fût rattachée à l'Office international d'hygiène publique.

« La Conférence émet le vœu que le Gouvernement français accepte de prendre les initiatives nécessaires en vue de la conclusion d'un arrangement international réalisant la création envisagée. »

Nous ajouterions :

« Elle charge le Président et le Rapporteur de la Commission de se mettre à la disposition du Gouvernement français à toutes fins utiles. »

M. Eugène Roux. Je propose d'inverser l'ordre des deux premiers paragraphes, de mettre comme premier paragraphe *a* celui qui commence par les mots : « de recueillir et de porter... »

M. Pottevin. Je ne fais pas d'opposition à cette inversion.

M. de Jong. Vous parlez d'une organisation ; cela me paraît un peu vague. Vous voulez dire un Bureau, un Institut ?

M. Pottevin. Oui.

M. de Jong. Vous envisagez la concentration à Paris ; il ne faut donc pas parler d'une organisation ; c'est un Institut adhérant à un Institut qui existe déjà.

M. Pottevin. Vous avez raison. Nous pouvons remplacer le mot « organisation » par les mots « un Office international ».

M. de Jong. Parfaitement.

M. Pottevin. Nous pouvons même supprimer le mot « international » si nous mettons « organisation internationale ».

M. Calmette. Au lieu de : « Il aura pour objet principal », je propose qu'on mette : « Il aura essentiellement pour objet ». (*Approbation.*)

M. le Président. Vous dites à la fin : « Il y aurait intérêt à ce qu'elle fût rattachée à l'Office international d'hygiène publique ». Pourquoi ce conditionnel ? Ne pourrait-on pas employer le futur ?

M. Pottevin. J'ai employé le conditionnel parce qu'il s'agissait de conclusions que je voulais soumettre à la Commission. Je ne voulais pas trop m'engager ; mais je ne vois aucun inconvénient à mettre : « Il sera rattaché... ».

M. le Président. C'est dans l'esprit de tous et cela résulte de la discussion.

M. de Jong. J'ai encore un amendement à présenter au paragraphe *a*. Je propose qu'il soit rédigé ainsi :

« *a*) De provoquer et de coordonner toutes recherches ou expériences intéressant la pathologie ou la prophylaxie des maladies infectieuses du bétail et des zoonoses de l'homme », c'est-à-dire des maladies qui proviennent des animaux et qui sont dangereuses pour l'homme.

M. Pottevin. Je me demande s'il est nécessaire de spécifier cela et si le texte tel qu'il est rédigé ne comporte pas l'idée que veut exprimer notre collègue M. de Jong. En effet, les zoonoses, c'est-à-dire les maladies communes à l'homme et aux animaux, sont des maladies des animaux et à ce titre elles rentrent dans les attributions de l'Office.

M. de Jong. En êtes-vous bien sûr ?

M. Pottevin. Sans aucun doute. Prenons un exemple concret. L'Office étudie la fièvre aphteuse; il dira qu'il y a lieu d'étudier les manifestations aphteuses chez l'homme; on ne pourra pas lui objecter que cela sort de ses attributions; c'est toujours l'étude de la fièvre aphteuse parce que même la manifestation chez l'homme peut avoir ses répercussions sur la prophylaxie animale. Elle peut être un enseignement... C'est le germe infectieux qui caractérise et qui définit l'objet de l'étude.

M. Calmette. Cependant je crois qu'il ne serait pas inutile d'ajouter : « et des maladies communes à l'homme et aux animaux ».

M. Hamr. On pourrait mettre : « intéressant la pathologie ou la prophylaxie de toutes les maladies infectieuses du bétail ».

M. de Jong. Permettez-moi une objection. Nous avons un Bureau international d'hygiène publique en ce qui concerne l'homme. Les sciences vétérinaires ont aussi pour objet de prévenir les dangers qui résultent des maladies des animaux en ce qui concerne l'homme. Il faut trancher la question ; c'est un Bureau ou l'autre. Cela appartient à la prophylaxie des maladies des animaux dangereuses pour l'homme : ce sont les zoonoses.

Nous sommes tout à fait d'accord que la fièvre aphteuse est très dangereuse pour les animaux, mais que le danger pour l'homme est un peu vain ; en ce moment même on le conteste. Mais il y a d'autres maladies, par exemple le charbon, qui sont très dangereuses pour l'homme. Notre Bureau aura à élaborer des règlements concernant le charbon, la rage, la morve, etc. Lorsque ces maladies passent à l'homme, ce sont des zoonoses; il est donc nécessaire de prévoir les zoonoses.

M. Pottevin. Nous entrerons dans l'ordre d'idées indiqué par M. de Jong en modifiant la première phrase de la façon suivante :

« La Conférence émet le vœu que soit créé un Office international pour la lutte contre les maladies infectieuses du bétail... »

Si vous trouvez ce texte trop limitatif, nous pouvons mettre : « contre les maladies infectieuses des animaux ». De cette façon, la rage et le charbon seront compris.

La question du charbon, à laquelle M. de Jong a fait allusion, est très importante. Le Bureau international du Travail se préoccupe de la prophylaxie du charbon parmi les ouvriers de l'industrie. Toutes les mesures qui tendront à diminuer la fréquence du charbon animal diminueront les dangers pour les ouvriers, et ce seront assurément les plus efficaces.

M. Eugène Roux. L'adjonction de la disposition proposée par M. de Jong, et acceptée par M. Pottevin, aurait peut-être l'inconvénient de tracer au Bureau international un programme un peu trop vaste et trop indéterminé.

M. Pottevin a eu le soin dans sa rédaction antérieure de dire que cet Office aura « essentiellement pour objet... ». Cela n'est pas limitatif, mais cependant cela indique bien l'objet que nous voudrions réaliser tout de suite. Ultérieurement on verra pour le reste.

Je m'excuse de revenir à la comparaison avec les épiphyties. Nous avons eu à traiter la même question à propos des mycoses, des maladies cryptogamiques qui sont contagieuses pour l'homme. Cette question a été écartée, bien qu'elle ne soit pas sans importance. Il est préférable de se limiter, de bien indiquer les attributions ordinaires, et pour le reste de ne pas trop préciser, sinon nous nous exposons peut-être à des critiques. On dira que ces questions sont plus ou moins mûres, qu'il peut y avoir des confusions entre les deux Offices qui seront dans le même établissement; d'ailleurs l'accord pourra se faire entre eux facilement le cas échéant.

Il me paraît donc préférable de ne pas viser ce point.

M. DE JONG. Je retire ma proposition. Je voudrais faire remarquer que les maladies cryptogamiques, les mycoses, rentrent bien dans le cadre des maladies à combattre par des mesures officielles. Si vous les écartez de votre texte l'attention ne sera pas suffisamment dirigée sur elles. Cependant je retire ma proposition en prenant acte de votre intention de ne pas négliger les maladies contagieuses pour l'homme.

M. POTTEVIN. D'ailleurs, en remplaçant les mots : « maladies infectieuses du bétail » par les mots « maladies infectieuses des animaux », nous donnons satisfaction à l'idée émise par M. de Jong.

M. DE JONG. Je ne crois pas. Vous ne voulez pas combattre toutes les maladies infectieuses; vous visez seulement les maladies infectieuses dangereuses économiquement; mais il y a des maladies qui sont dangereuses pour la santé de l'homme et cela me paraît avoir une grande importance.

M. NOWAK. Si nous acceptions la proposition de M. de Jong, il pourrait y avoir des confusions.

M. POTTEVIN. Nous avons mis dans notre texte : « Il aura essentiellement pour objet ». Le mot « essentiellement » placé en tête permet de tout comprendre. (*Approbation.*)

M. LE PRÉSIDENT. Nous sommes d'accord sur cette proposition.

M. de JONG. J'ai un autre amendement à présenter au paragraphe *b*. Au lieu de : « porter à la connaissance des administrations sanitaires », je vous propose de mettre : « porter à la connaissance des Gouvernements intéressés et des administrations sanitaires ».

M. POTTEVIN. J'accepte l'adjonction.

M. LE PRÉSIDENT. Il me semble que cela modifie un peu le texte.

M. POTTEVIN. L'idée de M. de Jong est la suivante : Lorsqu'on envoie, par exemple, une information au service sanitaire d'Italie, on doit l'envoyer en même temps au Gouvernement italien.

M. DE JONG. Il ne me paraît pas juste d'envoyer des notes à l'administration sanitaire d'un pays et de ne pas en informer le Gouvernement.

M. POTTEVIN. J'ai mis seulement les administrations sanitaires parce que lorsqu'on envoie une information à un Gouvernement, le Gouvernement transmet cette information à son administration sanitaire, mais cela entraîne des retards. M. de Jong a raison; les Gouvernements verraient peut-être d'un mauvais œil que l'on adresse des renseignements directement à leurs administrations sanitaires, sans qu'eux-mêmes soient également informés.

M. LE PRÉSIDENT. Cette proposition est tout à fait juste. En Italie, nous avons un service de déclaration des maladies infectieuses; les renseignements sont envoyés en même temps aux autorités sanitaires de la province et au préfet; le médecin et le préfet font la déclaration des maladies infectieuses qui se produisent dans la province, à la Direction générale de la santé, au Ministère de l'Intérieur.

M. Eugène ROUX. Je propose de modifier le texte ainsi : « ...de porter à la connaissance des Gouvernements et de leurs administrations sanitaires... » (*Approbation.*)

M. de JONG. M. Calmette, me semble-t-il, a proposé un Institut de recherches et un laboratoire.

M. POTTEVIN. M. Calmette n'a pas proposé que l'organisation que nous créons dispose à Paris d'un laboratoire. Ce Bureau pourra provoquer des arrangements avec des laboratoires situés dans les différents pays où on pourra faire de l'expérimentation. J'ai cité le cas de la peste bovine. Ce n'est pas en France qu'on peut songer à avoir un laboratoire pour préparer un sérum contre la peste bovine. Il y a des pays où la peste bovine existe en permanence, par exemple en Égypte. C'est dans ces pays qu'un tel laboratoire doit être institué.

M. de JONG. Il existe à Naples un Institut zoologique subventionné par divers Gouvernements.

M. CALMETTE. C'est une station de science spéculative.

M. POTTEVIN. L'Office que nous allons créer pourra, à un moment donné, juger qu'il est opportun d'instituer un tel centre; il demandera aux Gouvernements intéressés de prendre les mesures nécessaires. (*Approbation.*)

M. LE PRÉSIDENT. Nous sommes arrivés au bout de notre tâche. Permettez-moi de vous en féliciter. Je ne croyais pas que cela pouvait être aussi facile alors qu'il a fallu cinquante ans pour arriver à l'organisation du Bureau international d'hygiène publique.

La séance est levée à 16 h. 30.

RÉUNION DE LA DEUXIÈME SÉANCE PLÉNIÈRE.

SÉANCE DU 27 MAI 1921.

Présidence de M. MASSÉ.

La séance est ouverte à 15 heures.

M. le Président. Ainsi que cela était prévu, les Commissions se sont réunies hier.

La première Commission, présidée par M. Leclainche, a désigné comme rapporteur M. le D'' Bürgi.

En ce qui concerne la peste bovine, cette Commission a adopté les conclusions qui avaient été rédigées par la Délégation française avec quelques légères modifications. Le texte qu'elle vous propose est le suivant :

« La Conférence estime :

« 1° Qu'en raison de l'incertitude de nos connaissances sur la résistance des animaux réceptifs et des variations dues à l'espèce, à la race, ou à des circonstances individuelles, l'introduction des ruminants et des porcs en provenance de régions qui ne sont pas certainement indemnes constitue un danger qui justifie des mesures de prohibition. »

M. le Rapporteur a la parole pour exposer la discussion qui a eu lieu à la Commission.

M. le D'' Bürgi, rapporteur. Cela me semble inutile; cette question a déjà été discutée avant-hier en séance plénière.

M. le Président. Personne ne demande la parole sur cette proposition ?

Je la mets aux voix.

La proposition est adoptée à l'unanimité.

M. le Président. Voici la deuxième proposition :

« 2° Qu'il y a lieu de poursuivre des recherches expérimentales sur les modes de la contagion, sur la réceptivité des diverses populations animales, sur la virulence des divers produits animaux, sur les dangers qui peuvent résulter du transport du virus par des animaux guéris ou sains en apparence, et, d'une façon générale, sur tout ce qui concerne l'étude expérimentale de la peste bovine. »

M. le Rapporteur a-t-il quelques renseignements à donner ?

M. Bürgi. Non.

M. le Président. Personne ne demande la parole ?

Je mets la proposition aux voix.

La proposition est adoptée à l'unanimité.

M. le Président. Ces propositions ont été complétées par quatre propositions de M. le professeur Hutyra, délégué de la Hongrie, dont voici le texte :

PROPOSITIONS COMPLÉMENTAIRES DE M. LE PROFESSEUR D' HUYTRA.

La Conférence émet le vœu que la lutte contre la peste bovine soit basée sur les principes fondamentaux suivants :

« 1° Information immédiate par la voie télégraphique lors de l'apparition de la maladie dans des régions jusque-là indemnes.

« 2° En Europe, abatage obligatoire des bêtes bovines malades et suspectes, et aussi, le plus largement possible, des animaux contaminés quoique sains en apparence, avec une indemnisation large et immédiate.

« 3° Interdiction de l'utilisation d'un virus actif dans l'immunisation des animaux.

« 4° Interdiction de la production industrielle des sérums et vaccins contre la peste bovine dans des contrées indemnes, exception faite pour les établissements scientifiques. »

M. le Rapporteur a-t-il quelque chose à dire en faveur de ces propositions ?

M. Bürgi. Non.

M. le Président. La parole est à M. Dantes Bellegarde.

M. Dantes Bellegarde. Il me semble que la première partie de la proposition de M. Hutyra fait double emploi. Il s'agit ici de la peste bovine ; or, dans les conclusions qui sont proposées à la Conférence par la 3ᵉ Commission, il est dit que les renseignements sanitaires doivent être donnés par voie télégraphique lors de l'apparition de la peste bovine en région indemne et de la constatation des premiers cas de fièvre aphteuse dans des régions également indemnes.

M. le Président. Il y a, en effet, double emploi. Cela tient à ce que la question a été examinée par deux Commissions. En outre, la 3ᵉ Commission avait la préoccupation d'organiser un Bureau permanent, centralisant les renseignements, tandis que la 1ʳᵉ Commission a envisagé l'envoi de renseignements télégraphiques, non seulement au Bureau permanent s'il était créé, mais même à tous les États intéressés.

La parole est à M. Leclainche.

M. Leclainche. Permettez-moi d'apporter quelques précisions.

La Commission que j'ai eu l'honneur de présider a estimé qu'il y avait une différence essentielle à établir entre les « résolutions » votées par la Conférence et les « propositions » complémentaires. Ces propositions complémentaires — celle qui vous est soumise, formulée par M. Hutyra et une autre dont vous serez saisis, formulée par M. le Professeur von Ostertag, — ont le caractère de simples vœux.

M. Hutyra a envisagé, dans cet ensemble de propositions, tout ce qu'il lui paraissait intéressant de noter quant à la prophylaxie de la peste bovine. Cela fait double emploi avec d'autres propositions, mais pas avec les résolutions de la Conférence.

Je vous demande d'établir une distinction entre les résolutions de la Conférence et les propositions complémentaires. Il nous a semblé qu'étant donné leur caractère de simples vœux, il n'y avait pas lieu d'en refuser l'examen et l'approbation.

M. Dantes Bellegarde. Je remercie M. le Président de la Commission des explications qu'il a bien voulu me donner; mais il me semble qu'une résolution votée par la Conférence a plus de force encore qu'un simple vœu présenté par un des membres de la Conférence; il me semble donc inutile, au moment où nous faisons un travail d'ensemble, de maintenir une résolution et un vœu qui, en somme, se confondent.

M. Hutyra. Mes propositions contiennent les principes fondamentaux de la lutte contre la peste bovine. Il y aurait une lacune si le premier paragraphe était supprimé.

M. le Président. Personne ne demande la parole sur le premier vœu tendant à l'information immédiate par la voie télégraphique lors de l'apparition de la maladie dans des régions jusque-là indemnes ?

Je le mets aux voix.

Le vœu est adopté à l'unanimité.

M. le Président. Nous passons au second vœu ainsi conçu : En Europe, abatage obligatoire des bêtes bovines malades et suspectes, et aussi, le plus largement possible, des animaux contaminés, quoique sains en apparence, avec une indemnisation immédiate.
La parole est à M. le Rapporteur.

M. Bürgi, rapporteur. La plupart des États d'Europe ayant inscrit dans leur législation des mesures aussi sévères que celles qui sont demandées, la Commission a cru devoir accepter l'abatage obligatoire pour toute l'Europe; mais elle n'a pas cru nécessaire d'étendre cette mesure aux autres continents et notamment aux pays dans lesquels la maladie règne sous forme enzootique.

M. le Président. La parole est à M. Nowak.

M. Nowak. La Pologne ne peut pas accepter la proposition de M. le Professeur Hutyra dans son intégralité; cela l'amènerait à sacrifier le reste de son troupeau. Je comprends qu'on impose l'abatage des animaux malades, mais pas des animaux suspects ; d'ailleurs, en temps d'épizootie, est-ce que tous les animaux ne sont pas suspects ?

M. Hutyra. Il s'agit des animaux cliniquement suspects.

M. le Président. La parole est à M. Leclainche.

M. Leclainche. Je désire préciser la signification du mot « suspect » qui, dans la terminologie française, a une acception bien déterminée.

En police sanitaire, les suspects se distinguent des contaminés ; les suspects sont ceux qui présentent des signes cliniques pouvant être rapportés à la maladie considérée. C'est ainsi qu'en l'espèce devraient être considérés comme suspects, dans une étable envahie, les animaux qui présentent de l'hyperthermie. Mais les animaux qui, même dans une étable infectée, ne présentent pas d'hyperthermie, ne sont pas des suspects. Ce sont simplement des contaminés et, à plus forte raison, les animaux du voisinage qui ont pu être contaminés par la voie directe ou indirecte de la contagion.

Cette proposition n'a rien de bien grave, même pour la Pologne ? Vous êtes certainement d'avis que, dans une étable où il y a des animaux malades, il faut étendre les mesures aux animaux qui présentent de l'hyperthermie ?

M. Nowak. Je demande qu'on ajoute au moins le mot « cliniquement », afin qu'il n'y ait pas de confusion. (*Approbation*).

M. de Jong. Je demande qu'on mette : « malades ou suspects de maladie ». Il y a une différence entre suspect de maladie et suspect de contamination. C'est une distinction que j'ai vue dans un ouvrage français.

M. le Prsident. La parole est à M. Bürgi.

M. Bürgi. Il était bien dans la pensée de la Commission, en raison de l'extension prise par la peste bovine en Pologne, de faire une exception en faveur de la Pologne, comme elle a songé à la faire aussi pour la Russie. Mais il doit être entendu que si plus tard la maladie disparaît, ou s'il n'y a qu'une légère contamination, la Pologne devra, comme tous les autres pays d'Europe, se soumettre aux mesures adoptées par la Commission.

M. le Président. La parole est à M. Pottevin.

M. Pottevin. Il me semble nécessaire de mettre de l'ordre dans notre discussion.

M. le Rapporteur semble admettre que si la Conférence adoptait cette résolution, la Pologne devrait s'y soumettre ; or, tout à l'heure M. Leclainche vous a fait observer que les résolutions qui vous sont soumises sont de deux ordres : les unes constituent des « résolutions » de la Conférence, auxquelles celle-ci entend donner un caractère obligatoire ; les autres sont des vœux dont la Conférence entend faire de simples recommandations. La proposition de M. Hutyra rentre dans la catégorie de celles qui, dans l'esprit des explications fournies par M. Leclainche, ne doivent être que de simples recommandations dont chaque pays tiendra le plus grand compte étant donné l'autorité qui s'attache à tout ce qui sort des délibérations de la Conférence, mais vis-à-vis desquelles cependant chaque pays gardera une certaine indépendance.

Pour bien marquer la différence entre les deux espèces de résolutions qui doivent sortir de nos délibérations, nous pourrions modifier légèrement la rédaction et au lieu de dire : « La Conférence émet le vœu », puisque cette formule est employée ailleurs pour des résolutions formelles, dites : « La Conférence recommande que la peste bovine... ». Ainsi, on donne à la proposition de M. Hutyra la véritable portée, que certains de nos collègues semblent vouloir lui donner, d'une recommandation.

Sur la première partie du deuxième paragraphe qu'a visé M. Nowak : « En Europe, abatage obligatoire des bêtes bovines malades et cliniquement suspectes....», il n'y a pas d'objection, nous sommes tous d'accord.

En ce qui concerne la suite : « et aussi le plus largement possible des animaux contaminés quoique sains en apparence, avec une indemnisation large et immédiate », j'avoue que cette extension large à des animaux sains en apparence mais qu'on déclare contaminés, je ne sais sur quelle base, peut, dans un pays comme la Pologne où, par suite des circonstances que nous connaissons tous, le cheptel est raréfié au point de suffire à peine aux besoins même hygiéniques de la population, c'est-à-dire à l'alimentation en lait des enfants et des malades, cette extension me paraît grave.

Si la formule que j'ai proposée était adoptée, si on faisait de ceci une simple recommandation, je n'insisterais pas; vis-à-vis d'une recommandation chaque pays garde son indépendance, il appartient aux autorités du pays d'examiner, sous leur responsabilité, le danger qu'elles laissent subsister en ne procédant pas à un abatage très large et, par contre, l'avantage qu'elles ont à ne pas détruire leur cheptel. Du moment que les autorités du pays restent libres de faire cette balance entre le danger qu'elles acceptent et l'avantage qu'elles en tirent, je ne fais pas d'objection. Mais si nous voulions donner à la proposition de M. Hutyra la forme d'une décision impérative, je la trouverais, pour beaucoup de pays, dans l'état actuel, trop sévère.

En résumé, si nous adoptons la formule suivante : « La Conférence recommande »; je ne fais pas d'objection à la proposition; sinon je demanderais une autre rédaction pour la fin de la deuxième partie.

M. Nowak. J'accepte la proposition de M. Pottevin. Nous ferons tout notre possible. Il est préférable de voyager en première classe; encore faut-il avoir des ressources qui le permettent. Si les circonstances nous permettent de procéder à des abatages larges, nous le ferons; mais nous estimons plus loyal de n'accepter qu'une proposition que nous serons en mesure d'appliquer. C'est pourquoi je me rallie à la rédaction proposée par M. Pottevin.

M. Bürgi. J'accepte la proposition présentée par M. Pottevin.

M. le Président. La parole est à M. Dantes Bellegarde.

M. Dantes Bellegarde. Je vous demande pardon de parler en profane. J'appartiens plutôt au public que j'appellerai extra-savant et qui a cependant le plus grand intérêt à comprendre les résolutions et les vœux qui seront émis par la Conférence.

Je lis : « En Europe, abatage obligatoire ». Je pense que l'abatage paraît à la Conférence le moyen le plus sûr d'empêcher la propagation de la peste bovine; aussi je me demande la raison de cette restriction à l'Europe. Nous sommes une conférence internationale. La peste bovine peut apparaître dans des pays situés hors d'Europe. Si l'abatage paraît le plus sûr moyen de la combattre, pourquoi le limiter à l'Europe ?

M. le Président. La parole est à M. Hutyra.

M. Hutyra. Le danger qui menace l'Europe est très grand. L'Europe centrale et occidentale est intéressée à ce que la maladie ne se propage pas dans la direction de l'ouest. C'est pourquoi il me semble que la Conférence devrait émettre non seulement une recommandation, mais un vœu demandant que ces mesures soient appliquées en Europe. Du reste, dans presque tous les pays d'Europe, les lois prescriven l'abatage des malades et des suspects et, dans la plus large mesure possible, l'abatage des contaminés. Nous affaiblirions la législation actuelle si nous nous bornions à voter une recommandation. C'est pourquoi je vous demande d'adopter le vœu tel qu'il est, étant donné surtout qu'il n'aura pas le caractère obligatoire d'une résolution.

En réponse à la remarque qui vient d'être faite, je ferai observer qu'il est des pays où cette mesure n'est pas applicable : dans les Indes, en Asie, peut-être aussi en Afrique où la maladie est presque toujours enzootique. C'est la raison pour laquelle la Commission l'a limitée à l'Europe.

M. Leclainche. M. Hutyra vient de faire l'observation que je désirais présenter à la Conférence. Je me permettrai de la préciser en ce qui concerne le point soulevé par M. Dantes Bellegarde.

Dans l'Inde, pour des motifs religieux, il est impossible d'abattre les bovidés. La vache est sacrée et il n'est pas d'autorité qui pourrait se permettre de prescrire l'abatage total et même partiel des animaux contaminés.

M. le Président. La parole est à M. Pottevin.

M. Pottevin. M. Dantes Bellegarde a demandé pourquoi nous ne recommandons pas l'abatage hors d'Europe bien qu'il paraisse la mesure la plus efficace. Pour la peste bovine, en particulier, l'abatage comme mesure prophylactique peut réussir dans un pays où les foyers ne sont pas trop nombreux et trop étendus, tandis que dans un pays largement envahi, comme l'Inde, où la peste bovine est partout, l'abatage des suspects et des contaminés amènerait à la destruction totale du cheptel.

Il faut donc faire une différence dans l'emploi de l'abatage suivant la région à laquelle il s'applique. Quand il s'agit d'une région où les foyers sont peu nombreux, il n'y a pas de discussion, tout le monde est d'accord pour le recommander. Quand il s'agit d'une région où la maladie est tellement étendue qu'il n'y a pour ainsi dire pas d'exploitation qui ne soit suspecte, il y a matière à discussion.

C'est pour cette raison que là où il y a doute la Conférence, très sagement, s'abstient de toute recommandation ; elle se borne à recommander l'abatage comme mesure prophylactique là où, sans discussion, il peut avoir de bons effets sans entraîner des dépenses excessives.

En ce qui concerne la transformation du vœu en recommandation, je demande à M. Hutyra de me permettre de maintenir ma proposition.

Je sens bien tout l'intérêt qu'il y a, comme il l'a fait ressortir, à protéger l'Europe d'une marche de la peste bovine de l'est vers l'ouest ; mais je déclare en toute conscience que si, ayant la responsabilité de la santé publique, j'étais placé dans des régions de la Pologne que j'ai vues de mes yeux, je me préoccuperais aussi d'éviter à mon pays le danger d'un dépeuplement trop complet des bovidés. Ma conscience serait placée entre deux alternatives dans lesquelles il convient de lui réserver sa liberté d'action.

C'est pourquoi je persiste à demander la transformation du vœu en recommandation.

M. le Président. La parole est à M. Dantes Bellegarde.

M. Dantes Bellegarde. Il serait facile de concilier tous les points de vue. Il suffirait de dire : «Abatage obligatoire particulièrement dans les pays européens, des bêtes bovines . . . »

Il est bien entendu qu'en faisant des recommandations la Conférence n'impose pas aux différentes nations qui sont ici représentées de prendre des mesures relatives à l'abatage des animaux. M. le Président a dit avant-hier très justement que chaque pays reste libre de prendre à l'intérieur des mesures relatives à la protection de son troupeau. Si, dans les cas de peste bovine, nous reconnaissons que l'abatage est nécessaire pour empêcher la propagation de la maladie, nous pouvons recommander d'une façon spéciale à toutes les nations du monde de prendre cette mesure, quitte pour chacune d'elles à suivre notre conseil ou à ne pas le suivre.

M. POTTEVIN. Nos conseils perdront en autorité si nous les plaçons sur ce terrain. Il faut donner le conseil dans des conditions telles que chacun de nous puisse, dans son pays, en recommander loyalement l'exécution. Naturellement, nous n'avons pas la prétention de lier les Gouvernements, parce que cela c'est une question politique. Mais nos décisions doivent être rédigées dans des termes tels que chacun de nous puisse en conscience en recommander l'observation à son Gouvernement. Nous devons donc, nous tous qui sommes réunis, nous placer dans l'hypothèse où demain, dans nos pays respectifs, nous serions directeurs de la santé publique et amenés à prendre des résolutions, et n'accepter de voter que des résolutions que nous serions prêts à appliquer.

M. BÜRGI. Étant données les divergences qui se produisent au sujet des propositions complémentaires présentées par M. Hutyra, je vous propose de les renvoyer à la Commission qui trouvera une autre rédaction qu'elle vous soumettra à la séance de demain.

M. LE PRÉSIDENT. La parole est à M. de Roo.

M. DE ROO. Ne vaudrait-il pas mieux abandonner le qualificatif « suspect » ? Dans un milieu contaminé, lorsqu'un animal est suspect et qu'en outre il a de la température, généralement, c'est une question d'heures pour le déclarer atteint. Mais il y a de très graves inconvénients, dans beaucoup de circonstances, à abattre immédiatement des animaux qui sont suspects d'être contaminés et qui ne sont pas dans un milieu contaminé. Le diagnostic de la peste bovine n'est pas toujours facile et il vaut mieux, pour avoir des lésions bien caractérisées, laisser aller l'animal le plus loin possible.

Ainsi, à la fin de l'épizootie, on nous a déclaré un assez grand nombre d'animaux suspects d'être atteints. Chaque fois j'ai laissé aller l'animal jusque près de la mort ; je pouvais conclure beaucoup plus facilement que si j'avais fait abattre l'animal immédiatement.

Je ne vois donc aucun avantage à conserver ce qualificatif de « suspect » qui n'ajoute guère et qui présente de réels inconvénients pour le diagnostic.

M. LE PRÉSIDENT. La parole est à M. Nogueira.

M. NOGUEIRA. Il n'y a que des inconvénients à maintenir cette proposition. C'est pourquoi, sans vouloir en aucune façon blesser M. Hutyra, que je respecte, je le prie de vouloir bien retirer son vœu. D'ailleurs ce que demande M. Hutyra est prévu par les règlements de police sanitaire ; la communication télégraphique, on la trouve dans les règlements de police sanitaire concernant la peste bovine ; il en est de même de l'abatage des animaux cliniquement suspects. Les autres mesures demandées sont sujettes à discussion, ainsi que vient de le montrer le débat qui se poursuit en ce moment.

Il me semble plus raisonnable de nous borner aux propositions de la Conférence. Je désire que M. Hutyra consente à retirer son vœu; il n'y a que des inconvénients à le maintenir.

En ce qui concerne l'abatage des animaux contaminés, il me paraît que c'est aller un peu loin que de vouloir recommander avec toute l'autorité de la Conférence et pour ainsi dire imposer, une mesure qui peut blesser gravement l'économie animale d'un pays.

Je le répète, la plupart des mesures proposées sont déjà prévues : il est inutile que cette Conférence préconise ce que les vétérinaires du monde entier connaissent et appliquent déjà.

M. LE PRÉSIDENT. Le rapporteur a demandé le renvoi à la Commission des propositions de M. Hutyra. Nous renvoyons donc ces propositions à la Commission qui les examinera et nous apportera demain des conclusions.

Je voudrais toutefois faire une remarque en ce qui concerne le premier paragraphe qui vient d'être adopté et qui est le suivant :

« Information immédiate par la voie télégraphique lors de l'apparition de la maladie dans des régions jusque-là indemnes. »

Il est bien entendu que ce qu'a voulu demander M. Hutyra c'est la communication télégraphique aux pays voisins et non aux différentes provinces d'un pays. Bien que ce soit une mesure classique, qui est déjà appliquée, il y a le plus grand intérêt à la rappeler. (*Approbation.*)

Dans tous les cas, la Commission examinera à nouveau le question.

La parole est à M. Bisanti.

M. BISANTI. La communication télégraphique entre les nations lors de l'apparition de la peste bovine est fondamentale au point de vue de la prophylaxie internationale. On peut citer des quantités d'exemples de pays où des dispositions auraient pu être prises et où elles ont été prises trop tard parce qu'ils ignoraient l'existence de la peste bovine dans des pays voisins. A une époque récente, certains pays ont été envahis par la peste bovine et les autres pays ne l'ont su que trois mois après. C'est pourquoi j'estime indispensable que de cette réunion sorte un vœu tendant à ce que les cas de peste bovine soient communiqués télégraphiquement.

M. LE PRÉSIDENT. Vous allez avoir satisfaction; vous allez retrouver cela sous une autre forme, non dans un vœu, mais dans une résolution de la Conférence.

Les propositions de M. Hutyra sont renvoyées à la Commission.

M. LE PRÉSIDENT. Nous passons à la fièvre aphteuse. La Commission vous propose les conclusions suivantes :

« La Conférence estime :

« 1° Qu'il y a lieu de poursuivre activement les recherches sur l'étude de la fièvre aphteuse, notamment dans le but de réaliser des méthodes scientifiques de traitement ou d'obtenir l'immunisation pratique des animaux exposés ;

« 2° Qu'il est désirable que, sans porter aucune atteinte à l'indépendance des investigateurs, des relations s'établissent entre les divers laboratoires spécialisés dans l'étude de la fièvre aphteuse et que les résultats partiels acquis, dans le laboratoire ou dans la pratique, soient aussitôt communiqués et centralisés. »

La parole est à M. le rapporteur.

M. Bürgi, rapporteur. Ces conclusions ont été inspirées par les bons résultats partiellement obtenus dans ces dernières épizooties par l'inoculation avec du sang défibriné et du sérum.

M. le Président. La parole est à M. le Dr Campos.

M. le Dr Campos. Avant d'aborder la question de la fièvre aphteuse, permettez-moi de revenir sur celle de la peste bovine.

Dans la communication faite par l'honorable Délégation française au sujet de la peste bovine au Brésil, un point mérite d'être éclairci.

Malheureusement je ne suis pas en possession des documents officiels que mon Gouvernement a dû m'envoyer et qui me parviendront trop tard. Me trouvant à Paris pour d'autres affaires, j'ai été désigné par dépêche par mon Gouvernement pour le représenter et suivre les travaux de cette Conférence. Je n'ai eu d'autres renseignements sur la peste bovine au Brésil que ceux qu'ont donnés les journaux. J'ai appris ainsi qu'on avait fini par localiser plusieurs foyers de maladie seulement dans l'État de Sao Paulo, grâce aux mesures prises immédiatement par le Gouvernement fédéral.

La distance qui nous sépare du Brésil est trop grande pour que, depuis la réception de la dépêche de mon Gouvernement, j'aie pu être saisi de données officielles. Le hasard a voulu que cette lacune puisse être comblée. Le Dr Fernandez Beyro, l'honorable représentant de la République Argentine, m'a informé que mon Gouvernement a fait transmettre au sien tous les renseignements à ce sujet. Je demande donc à M. le Dr Beyro de vouloir bien les communiquer à l'Assemblée.

M. le Président. La parole est à M. le Dr Beyro.

M. le Dr Beyro. Dans la note sur la peste au Brésil rédigée par l'honorable Délégation française, il est dit que, d'après des renseignements datés du 13 avril, l'épidémie se développe avec une rapidité effrayante et qu'elle a envahi les États de Minas Geraes et de Rio.

Je suis parti d'Argentine le 15 avril. Cette information avait paru à Buenos-Ayres dans les journaux; mon Gouvernement a demandé des renseignements au Gouvernement brésilien et il a immédiatement obtenu une communication télégraphique niant que la peste bovine fût arrivée dans l'État de Minas Geraes, disant qu'elle était combattue et qu'elle avait été circonscrite à quelques foyers dans l'État de Sao Paulo et près des Établissements frigorifiques.

Il y a le plus grand intérêt à ce que je vous donne ces indications, car les pays sud-américains ont besoin que leur situation soit connue en ce qui concerne la peste bovine et qu'on sache qu'elle n'a pas pris l'extension que laisserait supposer la note de la Délégation française.

M. le Président. Nous revenons à la fièvre aphteuse. Quelqu'un demande-t-il la parole sur la première résolution ?

Je la mets aux voix.

La résolution est adoptée à l'unanimité.

M. le Président. La parole est à M. Calmette sur la seconde résolution.

M. Calmette. Ne serait-il pas utile d'ajouter après les mots « et que les résultats », les mots « négatifs ou » ? Les expériences faites dans les divers laboratoires qui étudient la fièvre aphteuse portent sur des animaux d'un prix élevé. Très souvent on entreprend des séries d'expériences qui donnent des résultats tout à fait négatifs ; il est inutile que les mêmes expériences soient reprises dans d'autres laboratoires. Il serait donc intéressant que les laboratoires se communiquassent, non seulement les résultats partiels, mais aussi les résultats négatifs. C'est pourquoi je vous propose d'ajouter les mots « négatifs ou ».

M. Bürgi, rapporteur. Je me rallie à cette proposition.

M. Pottevin. Nous pourrions rédiger ainsi cette partie de la résolution : « et que les résultats, même négatifs ou partiels.... ». S'il y a des résultats positifs, ils sont certainement communiqués.

M. Bisanti. J'ai été chargé par la Délégation italienne de communiquer à la Conférence une étude sur la fièvre aphteuse en Italie.

M. le Président. Est-elle susceptible d'entraîner des modification de la résolution proposée ?

M. Bisanti. Non, c'est une simple communication.

M. le Président. Dans ce cas, je vous donnerai la parole après le vote.
Personne ne demande la parole sur la deuxième résolution ?
Je mets aux voix cette résolution qui, après amendement proposé par M. Calmette et accepté par le Rapporteur, devient la suivante :

« Qu'il est désirable que, sans porter aucune atteinte à l'indépendance des investigateurs, des relations s'établissent entre les divers laboratoires spécialisés dans l'étude de la fièvre aphteuse, et que les résultats, même négatifs ou partiels, acquis, dans le laboratoire ou dans la pratique, soient aussitôt communiqués et centralisés. »

La résolution est adoptée à l'unanimité.

M. le Président. La parole est à M. Bisanti.

M. Bisanti, au nom de la Délégation italienne, donne lecture de la note suivante :

Les études sur la fièvre aphteuse en Italie ont commencé par la détermination de la valeur de la méthode de l'aphtisation classique ou même de l'aphtisation réalisée par cohabitation. Ce système a été appliqué dans un but de police sanitaire au moment de l'importation (1904) des bovidés de Serbie, *via* Salonique, et à l'occasion de l'importation du bétail dans la Tripolitaine. A ce sujet une note a été publiée dans le Bulletin de l'Office international d'hygiène il y a une dizaine d'années.

Depuis cette époque, les études sur la fièvre aphteuse ont été reprises par la Station pour les recherches sur les maladies infectieuses du bétail de Milan et, par la suite, une Commission ministérielle a été nommée pour coordonner les efforts qui étaient faits dans le but d'apporter une contribution efficace à la connaissance de l'infection et de sa prophylaxie.

Les résultats les plus importants auxquels ont abouti les travaux des expérimentateurs peuvent être résumés dans leurs grandes lignes, comme suit :

« *a*) Il semble qu'il soit possible de prolonger l'état d'immunité des animaux ayant eu la maladie, naturelle ou expérimentale, par des inoculations répétées de virus aphteux. Ce procédé a été recommandé par M. Terni.

« Les expériences de contrôle ont montré que le procédé n'est applicable, avec succès, qu'à une certaine proportion des animaux traités. Quelques-uns des animaux inoculés peuvent montrer des manifestations aphteuses généralement très bénignes. Le procédé, qui exige deux ou trois interventions chaque année, est onéreux et entrave à certains moments cette liberté dont l'exploitation agricole a besoin.

« *b*) Cosco et Aguzzi ont constaté que les globules rouges du sang recueillis à un moment déterminé de l'ascension thermique qui marque l'évolution de la fièvre aphteuse, débarrassés, par lavage, du sérum, et inoculés à la dose de 5 centimètres cubes dans les veines, sont capables de procurer une certaine immunité.

« *c*) Enfin, Aguzzi, dans les globules rouges examinés à l'ultra-microscope, à la période qui correspond à leur virulence, a vu des formations spéciales, ne se colorant pas par les méthodes connues, douées d'un mouvement propre, vermiculaire, dont la véritable nature reste obscure, bien qu'ils soient différenciables, sous bien des rapports, des restes nucléaires.

« L'ensemble de tous ces travaux, qui ont coûté tant d'efforts et bien des sacrifices d'argent, a été l'objet des préoccupations constantes de la part de la Direction générale de la santé publique. Ils feront l'objet de publications qui seront mises à la disposition de toux ceux que passionne le grave et difficile problème de la prévention de la fièvre aphteuse. » (*Applaudissements.*)

M. le Président. Nous remercions M. Bisanti de sa communication.

Nous passons à la *dourine*.

Les conclusions présentées par la Commission sont les résolutions rédigées par la Délégation française auxquelles s'ajoutent des propositions complémentaires formulées par M. le Professeur D^r von Ostertag, délégué de l'Allemagne.

Voici le texte que la Commission soumet à vos délibérations :

« La Conférence estime :

« 1° Qu'une surveillance attentive et prolongée doit être exercée dans tous les pays sur la constatation éventuelle de foyers de la maladie.

« 2° Que les recherches concernant le traitement, les méthodes pratiques du diagnostic de la dourine et la persistance du virus chez les animaux guéris en apparence doivent être poursuivies et que les résultats obtenus doivent être aussitôt communiqués. »

M. le D^r von Ostertag propose de compléter ces conclusions par un vœu qui serait rédigé comme suit :

« La Conférence émet le vœu :

« 1° Que dans les régions menacées les étalons soient recensés et soumis à une visite sanitaire mensuelle.

« 2° Que dans les mêmes régions toutes les juments déjà saillies ou destinées à être présentées à l'étalon soient recensées et soumises également à une visite sanitaire mensuelle. »

M. le Président. M. le Rapporteur a-t-il des observations à présenter sur le premier paragraphe des conclusions de la Commission ?

M. Bürgi. Non.

M. LE PRÉSIDENT. Personne ne demande la parole ?

Je mets aux voix ce paragraphe.

Adopté à l'unanimité.

M. LE PRÉSIDENT. Personne ne demande la parole sur le deuxième paragraphe ?

Je le mets aux voix.

Adopté à l'unanimité.

M. LE PRÉSIDENT. Nous arrivons aux propositions complémentaires de M. le D' von Ostertag.

La parole est à M. le Rapporteur.

M. BÜRGI, rapporteur. La Commission croit devoir recommander l'adoption de cette proposition.

M. LE PRÉSIDENT. La question se pose de savoir si vous allez maintenir : « La Conférence émet le vœu », ou mettre : « La Conférence recommande ».

M. POTTEVIN. Je propose qu'on mette : « La Conférence recommande ». (*Approbation.*)

M. DUCLOUX. Je demande que l'on ajoute les animaux de l'espèce asine. Dans certaines régions, par exemple dans l'Afrique du Nord, les baudets étalons et les ânesses sont des animaux propagateurs de dourine ; les mesures prophylactiques que nous prenons en Afrique du Nord visent surtout les animaux de l'espèce asine, car l'expérience a démontré que ces animaux entretiennent le virus de la dourine.

M. LE PRÉSIDENT. Le texte adopté par la Commission n'exclut nullement l'espèce asine. Il suffit, dans la deuxième partie de la proposition, d'ajouter après les « juments », les mots « ou ânesses. »

M. DUCLOUX. Et les baudets étalons ?

M. LE PRÉSIDENT. Le mot « étalons » est général ; il les comprend.

M. DUCLOUX. Vous visez surtout l'espèce chevaline.

M. LECLAINCHE. Pas du tout.

M. LE PRÉSIDENT. On entend dans tous les pays par étalon le cheval ou l'âne qui sert à la reproduction.

M. POTTEVIN. Dans tous les cas, l'adjonction au deuxième paragraphe du mot « ânesse » ne laisse aucun doute sur la signification du mot « étalon » qui figure dans le premier.

M. LE PRÉSIDENT. Personne ne demande plus la parole ?

Je mets aux voix la première proposition ainsi conçue :

« La Conférence recommande :

« 1° Que dans les régions menacées les étalons soient recensés et soumis à une visite sanitaire mensuelle. »

La proposition est adoptée à l'unanimité.

M. le Président. Je mets aux voix la deuxième proposition ainsi conçue :

« 2° Que dans les mêmes régions toutes les juments ou ânesses déjà saillies ou destinées à être présentées à l'étalon soient recensées et soumises également à une visite sanitaire mensuelle ».

La proposition est adoptée à l'unanimité.

M. le Président. Nous arrivons aux propositions concernant les renseignements sanitaires et les bulletins sanitaires.

Voici les résolutions qui vous sont proposées par la Commission :

La Conférence estime :

1° Que les renseignements sanitaires doivent être donnés par voie télégraphique lors de l'apparition de la peste bovine en région indemne et de la constatation des premiers cas de fièvre aphteuse dans un pays également indemne ;

2° Que des bulletins périodiques imprimés doivent être rédigés suivant un modèle uniforme fournissant obligatoirement des renseignements sur la présence et l'extension des maladies suivantes :

Peste bovine, rage, fièvre aphteuse, morve, péripneumonie contagieuse, dourine, fièvre charbonneuse, peste du porc, clavelée ;

3° Que ces renseignements doivent mentionner pour chaque province ou département envahi :

a) Le nombre des communes et des exploitations encore infectées au début de la période envisagée ;

b) Le nombre des communes et des exploitations infectées pendant la période considérée et, si possible, le nombre, par espèce, des malades et des contaminés.

4° Que les bulletins doivent être publiés le 1ᵉʳ et le 15 de chaque mois ; qu'ils doivent être expédiés dix jours au plus après les dates de leur publication, de telle façon qu'ils parviennent sans aucun retard aux Administrations ou Services intéressés.

5° Qu'un modèle uniforme de bulletin sanitaire doit être adopté.

M. le Président. La parole est au Rapporteur.

M. Bürgi, rapporteur. Je tiens à faire remarquer que la 1ʳᵉ Commission a décidé à l'unanimité d'appuyer énergiquement les propositions de la 3ᵉ Commission en ce qui concerne la création d'un Office international pour la lutte contre les maladies infectieuses des animaux.

M. le Président. La parole est à M. Calmette.

M. Calmette. Je demande qu'au premier paragraphe, après les mots : « Que les renseignements sanitaires doivent être donnés par voie télégraphique », on ajoute : « à tous les pays adhérents à la Conférence ». Sans cette précision on ne peut pas savoir à qui les renseignements télégraphiques doivent être envoyés. Ils doivent être adressés à tous les pays adhérents à la Conférence.

M. Hutyra. Ce n'est pas possible, ce serait trop.

M. Bisanti. Ce n'est pas trop. Une épizootie qui sévit en Amérique peut faire courir des risques à l'Europe et inversement.

M. le Président. Personne ne demande la parole ?

Je mets aux voix le premier paragraphe qui, amendé par M. Calmette, devient le suivant :

« Que les renseignements sanitaires doivent être donnés par voie télégraphique à tous les pays adhérents à la Conférence lors de l'apparition de la peste bovine en région indemne et de la constatation des premiers cas de fièvre aphteuse dans un pays également indemne. »

Adopté à l'unanimité.

M. le Président. Nous passons au deuxième paragraphe.

M. Douchkoff. La péripneumonie de la chèvre est une maladie contagieuse qu'il conviendrait de signaler ici.

M. Bürgi, rapporteur. Après une longue discussion la Commission a décidé de ne pas citer plus d'épizooties qu'il n'en est mentionné ; mais les divers pays ont la faculté de désigner d'autres épizooties dans les bulletins. La Commission a estimé qu'il ne convenait pas d'aller plus loin dans cette nomenclature.

M. Nogueira. Je me demande pourquoi la Commission n'a pas inséré dans cette liste, parmi les maladies du porc, le rouget. Il est si difficile de différencier le rouget de la peste du porc qu'étant donné l'urgence des communications aux différents pays, il serait préférable de mettre « les maladies rouges du porc » au lieu de se borner à la peste porcine.

M. Leclainche. La Commission a considéré que parmi les « maladies rouges » du porc, qui groupent un ensemble de maladies fort différentes, une seule devait être retenue comme dangereuse en raison de sa puissance de diffusion : la peste du porc. Le rouget est une maladie contagieuse dans l'étable même, dans la porcherie, mais ce n'est pas une maladie capable de diffuser par contagion. C'est autant une maladie infectieuse qu'une maladie contagieuse.

On peut en dire autant des diverses pneumo-entérites groupées sous des noms différents dans les nomenclatures. En dehors de celles-ci, il existe toute une série de maladies infectieuses ou contagieuses du porc qui ne méritent pas d'être classées dans des Bulletins internationaux.

M. Nogueira. M. Leclainche oublie peut-être qu'il est des pays, comme le Portugal, où l'élevage du porc se fait à l'antique, dans les forêts de chêne. La moitié du Portugal fait largement l'élevage du porc à cet état à demi sauvage. De cette façon, les maladies telles que le rouget ou la peste porcine s'étendent rapidement et il est difficile de faire immédiatement le diagnostic différentiel. C'est pourquoi je désirerais voir ces deux maladies comprises dans la liste dont il s'agit.

M. Leclainche. Il y a une confusion. Il s'agit ici de maladies qui doivent être obligatoirement mentionnées dans les bulletins sanitaires dans le but de fournir des renseignements internationaux ; mais il est bien entendu que chaque pays insèrera dans son propre bulletin sanitaire les maladies contagieuses qui l'intéressent particulièrement.

La France est placée dans des conditions analogues à celles qu'indiquait M. Nogueira pour le Portugal. Nous avons toujours donné des renseignements sanitaires sur le rouget du porc ; mais nous estimons que ces renseignements n'intéressent pas à un haut degré les pays étrangers; la présence du rouget du porc en France, pas plus que la présence du rouget du porc en Portugal ne constitue un danger pour les autres pays.

Nombre d'autres affections pourraient être aussi mentionnées : la pleuro-pneumonie de la chèvre, dont on a parlé, est de celles-là. D'autres encore pourraient figurer dans les bulletins; mais elles donneraient à ce document une longueur démesurée; on ne pourrait plus centraliser rapidement les renseignements si on étendait par trop la liste des maladies donnant lieu à insertion obligatoire.

M. LE PRÉSIDENT. Personne ne demande la parole ?

Je mets aux voix le deuxième paragraphe des conclusions tel qu'il a été proposé par la Commission.

Le paragraphe est adopté à l'unanimité.

M. LE PRÉSIDÈNT. Nous passons au troisième paragraphe.

Personne ne demande la parole ?. . .

Je le mets aux voix.

Adopté à l'unanimité.

M. LE PRÉSIDENT. Nous passons au quatrième paragraphe.

M. de JONG. Je demande qu'on modifie de la façon suivante la fin du paragraphe : « . . . qu'ils parviennent sans aucun retard aux Gouvernements et à leurs administrations intéressées ». Nous avons adopté cette formule dans une résolution qui vous sera présentée par la troisième Commission.

M. LE PRÉSIDENT. Avec la modification proposée par M. de Jong, le paragraphe serait ainsi rédigé de la façon suivante :

« Que les bulletins doivent être publiés le 1ᵉʳ et le 15 de chaque mois; qu'ils doivent être expédiés dix jours au plus après les dates de leur publication, de telle façon qu'ils parviennent sans aucun retard aux Gouvernements et à leurs administrations ou services intéressés. »

Personne ne demande la parole ?. . .

Je mets aux voix ce paragraphe ainsi amendé :

Le paragraphe est adopté à l'unanimité.

M. LE PRÉSIDENT. Le cinquième paragraphe ainsi conçu : « Qu'un modèle uniforme de bulletin sanitaire doit être adopté », me semble faire double emploi avec le paragraphe 2 où il est dit « que des bulletins périodiques imprimés doivent être rédigés suivant un modèle uniforme ». Il y a lieu de supprimer ce paragraphe.

Personne n'en demande le maintien ?

Le paragraphe 5 est supprimé.

M. BÜRGI. Permettez-moi de revenir sur le paragraphe 1. D'après la proposition de M. Calmette, chaque État sera forcé de communiquer ses renseignements par télégraphe. Je me demande s'il n'est pas excessif de demander que la Serbie ou l'Argentine emploient la voie télégraphique et s'il ne serait pas préférable de rédiger ainsi la première partie du paragraphe :

« Que les pays adhérents à la Conférence doivent donner les renseignements sanitaires aux pays avoisinants lors de l'apparition . . . . »

M. Pottevin. M. le délégué de la Suisse a certainement raison en ce sens que si chaque pays doit notifier individuellement les renseignements à tous les autres pays, cela sera une très grande complication. Il n'en est pas moins vrai que même les pays lointains ont intérêt à être renseignés. On pourrait le montrer par des exemples nombreux et bien connus. Il faut donc trouver le moyen de donner satisfaction à ces deux ordres de desiderata. C'est précisément ce qu'a fait la troisième Commission par la création de l'Office international des épizooties dont la fonction consisterait à recevoir l'avis télégraphique du pays infecté et à le transmettre immédiatement télégraphiquement à tous les pays adhérents. La Suisse ayant un cas sur son territoire n'aurait qu'un télégramme à envoyer à l'Office central qui, lui, est payé pour répandre télégraphiquement la nouvelle auprès de tous les pays adhérents. Vous aurez ainsi tous satisfaction.

M. le Président. Vous n'insistez pas, monsieur Bürgi ?

M. Bürgi. Non, j'ai satisfaction.

M. le Président. Nous abordons les conclusions de la deuxième Commission : mesures à l'exportation ; stations de quarantaine.
Cette Commission, présidée par Sir Stewart Stockmann, a pour rapporteur M. Bisanti. Voici les conclusions qu'elle vous présente :
« La Conférence émet l'avis que les animaux ainsi que les produits animaux dangereux, pour être exportés d'un pays à l'autre, doivent être accompagnés d'un « certificat d'origine et de santé » délivré, sous la responsabilité du pays exportateur, par un vétérinaire d'État ou agréé par l'État.
« Le texte du certificat sera étudié dans chaque pays et les différents textes seront examinés dans une Conférence ultérieure, de façon à aboutir à la rédaction d'une formule appropriée, qui sera soumise à l'approbation des délégués des pays adhérents. »

M. Dantes Bellegarde. Je désire obtenir une simple précision du rapporteur de la deuxième Commission.
Le texte de la résolution porte qu'un certificat d'origine et de santé devra être exigé toutes les fois que l'animal passe d'un pays dans un autre. Je désire savoir si cette obligation est permanente.

M. Bisanti. Naturellement.

M. Dantes Bellegarde. Même s'il n'y a pas de maladie ?

M. Bisanti. Parfaitement.

M. le Président. Personne ne demande plus la parole ? . . .

Je mets aux voix les conclusions de la Commission.

Les conclusions sont adoptées à l'unanimité.

M. le Président. Nous arrivons aux conclusions de la troisième Commission concernant le Bureau international.

La troisième Commission a été présidée par M. le Commandeur Lutrario et elle a comme rapporteur M. le sénateur Pottevin, délégué de la France.

Voici les conclusions, sous forme de vœu, qui ont été adoptées par elle et qu'elle vous présente :

La Conférence émet le vœu que soit créé un Office international pour la lutte contre les maladies infectieuses des animaux.

Il aura essentiellement pour objet :

a) De recueillir et de porter à la connaissance des Gouvernements et de leurs Administrations sanitaires les faits et documents d'un intérêt général concernant la marche des maladies épizootiques et les moyens employés pour les combattre ;

b) De provoquer et de coordonner toutes recherches ou expériences intéressant la pathologie ou la prophylaxie de toutes les maladies infectieuses des animaux pour l'exécution desquelles il y a lieu de faire appel à la collaboration internationale ;

c) D'étudier les projets d'accords internationaux relatifs à la police sanitaire des animaux, et de mettre à la disposition des gouvernements signataires de ces accords les moyens d'en contrôler l'exécution.

Il sera placé sous l'autorité d'un Comité composé des délégués techniques des divers États qui se réunira périodiquement au moins une fois par an. Il sera rattaché à l'Office international d'Hygiène publique.

La Conférence émet le vœu que le Gouvernement français accepte de prendre les initiatives nécessaires en vue de la conclusion d'un Arrangement international réalisant la création envisagée.

Depuis que ce texte a été adopté par la Commission, M. Pottevin, comme rapporteur, s'est entouré de renseignements pour savoir s'il ne conviendrait pas, pour exprimer la même idée mais dans le but de tenir compte des règles protocolaires et des habitudes de la diplomatie, d'adopter une formule différente. Il a donc l'intention de vous proposer quelques légères modifications de forme et non pas de fond. Je lui donne la parole.

M. Pottevin. J'ai, en effet, à vous proposer deux petites modifications de forme, mais qui ne touchent en rien le fond et qui visent seulement les moyens de réalisation.

Pour ce qui regarde le fond même de la résolution qui vous est soumise, la Conférence émet le vœu que l'on crée un Office international permanent pour la lutte contre les maladies infectieuses.

Les buts principaux que devra se proposer cet Office sont très clairement énumérés dans les trois paragraphes dont il vous a été donné lecture. La Commission a dit que ce seraient ses objets essentiels, ne voulant pas limiter les objets auxquels l'activité de l'Office pourrait être étendue dans l'avenir. Si plus tard il apparaissait que d'autres buts peuvent lui être assignés utilement, la voie reste ouverte.

Nous disons qu'il aura essentiellement pour objet d'abord de recueillir les informations et de les porter à la connaissance des Gouvernements intéressés. La petite discussion qui vient d'avoir lieu avec le délégué de la Suisse vous montre, par une leçon de choses, l'utilité de ce Bureau central. Il recevra les informations télégraphiques qu'on lui enverra et sera chargé de les transmettre à tous les Gouvernements intéressés.

Dans notre pensée, il pourra même faire davantage. L'information télégraphique est de par sa nature même extrêmement concise ; elle ne peut contenir que l'indication d'un fait : présence de la peste bovine, tant de cas. Elle peut suffire, même sous cette forme concise et imparfaite, à des pays qui ne sont en relations avec le pays contaminé que d'une façon lointaine et incertaine. Par contre, elle peut paraître insuffisante à d'autres pays qui sont en relations plus immédiates.

L'Office pourra compléter son rôle, c'est-à-dire que les pays particulièrement intéressés pourront s'adresser à l'Office pour lui demander de provoquer une précision et l'Office pourra s'adresser au Gouvernement du pays contaminé et lui demander les précisions nécessaires qu'il transmettra ensuite à tous ceux qui auront provoqué cette information complémentaire.

Par conséquent, l'Office ne sera pas un simple bureau de poste ; il pourra être un bureau de poste vivant ; il pourra même arriver quelquefois que de sa propre initiative, en présence d'une information qui lui paraîtra trop schématique, le personnel technique pourra provoquer des précisions.

Voilà pour ce qui concerne le rôle de l'Office en matière d'information réciproque.

Pour ce qui concerne les recherches intéressant les maladies infectieuses des animaux, toutes les résolutions que vous venez de voter ont trait à la nécessité de provoquer ces recherches et de les coordonner.

Pour provoquer, pour suivre, pour coordonner les recherches, il faut avoir un organisme vivant et permanent. C'est ce rôle que remplira l'Office.

Enfin le troisième paragraphe parle d'étudier les projets d'accords internationaux relatifs à la police sanitaire des animaux.

Dans la décision que vous avez prise sur la proposition de votre deuxième Commission, relative aux mesures à l'exportation et aux stations de quarantaine, vous avez dit que les produits animaux et les animaux dangereux devraient être accompagnés d'un certificat d'origine et de santé. Le modèle de ces certificats sera d'abord étudié dans chaque pays ; ces modèles individuels seront ensuite examinés dans une conférence ultérieure de façon à aboutir à une formule unique.

Peut-être n'arriverez-vous pas du premier coup à vous entendre sur le modèle définitif ; mais l'Office sera permanent, avec des conférences périodiques tous les ans, et c'est là un des objets qu'il aura à remplir.

L'utilité de la création que nous vous proposons ressort avec la plus grande évidence des décisions mêmes que vous venez de prendre ici.

Comment réaliser cette création ?

Le schéma général de l'Office dont nous vous proposons la création est celui-ci. La base est une conférence de délégués techniques de tous les États qui se réunira tous les ans.

Pour assurer la continuité des travaux, préparer ces conférences annuelles, il existera un Bureau permanent qui aura pour but de recueillir les renseignements et de les transmettre en tout temps, de préparer les travaux de la conférence annuelle et de suivre les travaux que cette conférence annuelle aura décidé d'exécuter.

Par conséquent, le Bureau permanent ne sera rien d'autre que l'émanation et l'agent des conférences annuelles périodiques. C'est la conférence périodique qui sera toujours la maîtresse de l'Organisation.

Pour aboutir rapidement, nous avons considéré qu'il y avait un très grand intérêt à profiter de ce qui existe déjà pour les maladies contagieuses de l'homme. Depuis treize ans, existe et fonctionne à Paris un Office international d'hygiène publique dont les attributions et les fonctions sont, en ce qui concerne les maladies contagieuses de l'homme, ce que doivent être les fonctions de l'Office que nous allons créer pour les maladies contagieuses des animaux. Nous avons donc là une institution qui a une grande expérience et qui a rendu des services que l'on se plaît universellement à reconnaître. Dans tous les cas, elle nous offre un cadre tout fait dans lequel nous pouvons couler l'organisation nouvelle, étant donné que ce que nous ferons sera toujours perfectible suivant les enseignements de l'expérience. D'ailleurs, les statuts de l'Office international d'hygiène publique portent, dans les premiers articles, qu'ils pourront subir toutes modifications dont l'expérience aura démontré la nécessité.

Jusqu'ici ils n'en ont pas subi parce que l'expérience a montré qu'ils suffisaient à tous les buts auxquels on voulait les adapter; mais si par la suite et pour l'usage vétérinaire, si j'ose dire, il y avait lieu d'apporter des modifications, elles sont prévues dans les statuts mêmes de l'Office.

Cette façon de couler notre Office nouveau dans le cadre ancien, outre qu'il nous évite des tâtonnements, peut nous permettre d'aboutir très vite.

M. le Président Lutrario rappelait très justement à notre Commission hier que la création de l'Office d'hygiène publique avait été très laborieuse et qu'entre le moment où la Conférence sanitaire de Paris en avait décidé la création — comme nous le ferons, j'espère, aujourd'hui pour l'Office vétérinaire — et le moment où l'Office a ouvert ses portes, il s'était écoulé de très nombreuses années.

Nous gagnerons du temps si nous n'avons qu'à nous rattacher à une institution existant déjà.

Enfin, je m'en voudrais de développer l'intérêt qu'il y a, au point de vue général et technique, à rapprocher les études sur les maladies contagieuses de l'homme des études sur les maladies contagieuses des animaux, devant une Assemblée de techniciens comme la nôtre. Il n'y a pas une étude de pathologie humaine qui ne comporte un enseignement pour la pathologie animale et réciproquement. Les deux institutions gagneront donc l'une et l'autre à être placées côte à côte et en conditions telles que la collaboration de l'une avec l'autre soit aussi intime que possible.

Voilà, Messieurs, ce que nous nous sommes proposé de réaliser et ce que dit le vœu qui vous est soumis.

Voici en quoi consistent les modifications que j'ai à vous proposer.

Jusqu'à la fin de la première phrase de l'avant-dernier paragraphe : «qui se réunira périodiquement au moins une fois par an», rien de changé. Le vœu reste tel qu'il est sous vos yeux. Ici interviennent les quelques modifications que j'ai à vous proposer.

Le vœu proposé par la Commission disait : «Il — l'Office — sera rattaché à l'Office international d'hygiène publique». On nous a suggéré une autre formule : «Il serait désirable que l'Office fût rattaché à l'Office international d'hygiène publique». Nous affirmons qu'il sera rattaché; on nous a dit : «N'affirmez pas, exprimez un désir». J'espère que vous n'y verrez pas d'inconvénient. C'est la même idée exprimée sous une autre forme.

En second lieu, le paragraphe final, dans le texte de la Commission, est rédigé ainsi :

«La Conférence émet le vœu que le Gouvernement français accepte de prendre les initiatives nécessaires en vue de la conclusion d'un arrangement international réalisant la création envisagée»

Le Gouvernement français accepte, en principe, de prendre ces initiatives, mais il préfère qu'on le lui demande sous la forme suivante :

«La Conférence émet le vœu que le Gouvernement français prépare un projet de convention sur les bases des résolutions adoptées par elle, communique ce projet à tous les pays représentés à la Conférence et invite les Gouvernements intéressés à désigner des plénipotentiaires pour la signature de ladite convention dans le plus bref délai possible».

En somme, la modification qu'on nous demande ne change rien au fond de nos résolutions.

M. LE PRÉSIDENT. Cela a une très grande importance; car si la convention était signée par le Ministre de l'Agriculture français et par les Délégués représentant ici les États, elle n'aurait pas la même valeur que si elle était signée par des diplomates

M. POTTEVIN. Le Ministère des Affaires étrangères nous demande encore d'ajouter :

« La Conférence donne mandat à MM. Lutrario, Pottevin et Leclainche de se mettre à la disposition des autorités françaises qualifiées pour leur faciliter l'établissement de ce projet de convention. »

M. LE PRÉSIDENT. C'est-à-dire que nous pourrons interrompre nos travaux.

M. POTTEVIN. C'est cela.

D'après ce dernier paragraphe, sur lequel j'ai un peu insisté, le Gouvernement français fera préparer par ses diplomates le projet de convention, mais trois personnes : MM. Lutrario, président de votre Commission, M. Leclainche et moi-même serons à la disposition du Gouvernement pour lui faciliter la tâche.

Si vous adoptez ces dispositions, M. Lutrario, M. Leclainche et moi veillerons à ce que le projet de convention qui sera soumis à vos divers Gouvernements soit établi en conformité de ce qui a été dit ici, non seulement de ce qui restera dans la lettre de vos procès-verbaux, mais aussi de ce qui est dans l'esprit de vos délibérations. (*Applaudissements.*)

M. LE PRÉSIDENT. Je suis certainement l'interprète de la Conférence en remerciant notre rapporteur, M. Pottevin, du lumineux exposé qu'il vient de nous faire.

La parole est à M. Dantes-Bellegarde.

M. DANTES BELLEGARDE. Il y a quelque chose qui est dit dans le vœu, mais qui est diplomatiquement dit; je voudrais que la Conférence le dit plus nettement :

« L'Office international se réunira périodiquement au moins une fois par an. »

Puisqu'il devra être rattaché à l'Office international d'hygiène publique, il est bien entendu qu'il se réunira à Paris. Je désirerais que ce fût dit d'une façon expresse. Aux nombreuses raisons, que vient d'exposer M. le sénateur Pottevin, de rattacher l'Office international des épizooties à l'Office international d'hygiène publique, j'en vois une autre que je me permets de vous dire.

Il est bon que la Conférence indique que l'Office se réunira à Paris; ce sera pour nous, Messieurs, une occasion de rendre hommage à la France qui a pris l'initiative de cette utile et importante conférence.

M. POTTEVIN. Dans les termes où il vous est présenté, le vœu comporte implicitement que l'Office se réunira à Paris et aura son siège à Paris puisqu'il est rattaché à l'Office international d'hygiène publique qui a son siège à Paris.

Quand on a organisé l'Office international des épiphyties, on l'a rattaché à l'Office international d'agriculture. L'Office international d'agriculture étant à Rome, l'Office international des épiphyties a eu son siège à Rome. Par conséquent, la précision que vous demandez, mon cher Collègue, tout en étant extrêmement flatteuse pour mon pays, surtout avec la signification que vous lui avez donnée — au nom de la Délégation française, je vous en remercie, — n'ajouterait rien à la clarté du texte qui vous est soumis. Nous pouvons donc l'adopter tel qu'il nous est proposé.

M. Dantes Bellegarde. La première rédaction était affirmative : « Il sera rattaché à l'Office international d'hygiène publique»; en ce moment on nous propose un autre texte : « Il est extrêmement désirable... ». Nous savons bien que cela sera accepté; mais si ce n'était pas accepté, si le rattachement ne se faisait pas, avec cette précision dans le texte, l'Office pourrait tout de même se réunir à Paris.

M. Pottevin. Je reconnais que l'observation porte. Nous savons tous que l'aboutissement de ce vœu sera la création d'un Office rattaché à l'Office international d'hygiène publique. Néanmoins, je reconnais avec notre collègue que celui qui n'aurait pas assisté à nos délibérations et qui aurait simplement le texte en main, y verrait le désir de rattacher l'Office à l'Office international d'hygiène publique, mais non l'obligation et, dans le cas où le rattachement ne se ferait pas, la possibilité de mettre l'Office ailleurs. Je reconnais que pour celui qui aurait ce texte sans autre explication, la confusion pourrait se produire.

Pour éviter toute confusion et donner satisfaction à M. Dantes Bellegarde, nous pourrions rédiger ainsi la première phrase du vœu :

« La Conférence émet le vœu que soit créé à Paris un Office international pour la lutte contre les maladies infectieuses des animaux. »

M. Dantes Bellegarde. J'accepte ce texte.

M. le Président. Personne ne demande la parole?...

Je mets aux voix la première phrase du vœu, modifiée sur l'intervention de M. Dantes Bellegarde et dont M. le Rapporteur vient de vous donner lecture.

Adoptée à l'unanimité.

M. le Président. Je mets aux voix le deuxième paragraphe ainsi conçu :

« Il aura essentiellement pour objet :

« a) De recueillir et de porter à la connaissance des Gouvernements et de leurs administrations sanitaires les faits et documents d'un intérêt général concernant la marche des maladies épizootiques et les moyens employés pour les combattre. »

Le paragraphe, mis aux voix, est adopté à l'unanimité.

M. le Président. Je mets aux voix le paragraphe suivant, ainsi conçu :

« b) De provoquer et de coordonner toutes recherches ou expériences intéressant la pathologie ou la prophylaxie de toutes les maladies infectieuses des animaux, pour l'exécution desquelles il y a lieu de faire appel à la collaboration internationale. »

Le paragraphe, mis aux voix, est adopté à l'unanimité.

M. le Président. Je mets aux voix le paragraphe suivant, ainsi conçu :

« c) D'étudier les projets d'accords internationaux relatifs à la police sanitaire des anmaux et de mettre à la disposition des Gouvernements signataires de ces accords les moyens d'en contrôler l'exécution. »

Le paragraphe, mis aux voix, est adopté.

M. LE PRÉSIDENT. Je mets aux voix la première phrase du paragraphe suivant, ainsi conçue :

« Il sera placé sous l'autorité d'un Comité composé des délégués techniques des divers États, qui se réunira périodiquement au moins une fois par an. »

Adopté à l'unanimité.

M. LE PRÉSIDENT. Nous arrivons à la seconde phrase, modifiée à la demande du Ministère des Affaires étrangères :

« Il serait désirable qu'il fût rattaché à l'Office international d'hygiène publique. »

M. LUTRARIO. J'ai suggéré à la Commission une formule brève parce que je crois non seulement à l'opportunité, mais à la nécessité du rattachement. Ne pourrait-on, pour marquer cette nécessité, dire : « Il serait essentiellement désirable » ?

M. POTTEVIN. Nous allons peut-être nous entendre. La raison de fond pour laquelle on nous a demandé cette modification est la suivante ;
L'Office international d'hygiène publique a été fondé par la convention signée à Rome, le 9 décembre 1907, par un certain nombre de Gouvernements, et à laquelle un nombre bien plus grand d'États ont adhéré par la suite. A l'heure présente 39 pays sont adhérents à cette convention et participent à l'Office. On nous dit : L'Office est en fait la propriété de ces Gouvernements qui le font vivre. Si vous dites que l'Office que vous voulez créer sera rattaché à cet Office, vous disposez de cet Office sans le consentement des Gouvernements qui en sont les maîtres.
Il est facile de donner satisfaction à cette préoccupation légitime tout en maintenant la forme affirmative adoptée par la Commission en employant la formule suivante qui a servi en d'autres circonstances et que M. Lutrario reconnaîtra certainement au passage :

« Sous réserve de l'approbation des Gouvernements adhérents à la convention de Rome du 9 décembre 1907, il sera rattaché à l'Office international d'hygiène publique. » (*Approbation.*)

M. LUTRARIO. J'ai satisfaction.

M. LE PRÉSIDENT. Personne ne demande la parole ? . . .

Je mets aux voix la formule dont M. Pottevin vient de vous donner lecture.

Adoptée à l'unanimité.

M. LE PRÉSIDENT. Voici le texte nouveau du dernier paragraphe :

« La Conférence émet le vœu que le Gouvernement français prépare un projet de convention sur les bases des résolutions adoptées par elle, communique ce projet à tous les pays représentés à la Conférence et invite les Gouvernements intéressés à désigner des plénipotentiaires pour la signature de ladite convention dans le plus bref délai possible ».

Personne ne demande la parole ? . . .

Je le mets aux voix.

Adopté à l'unanimité.

M. le Président. Voici la phrase qui a été ajoutée aux conclusions de la Commission :

« La Conférence donne mandat à MM. Lutrario, Pottevin et Leclainche de se mettre à la disposition des autorités françaises qualifiées pour leur faciliter l'établissement de ce projet de convention. »

Personne ne demande la parole?...

Je la mets aux voix.

Adoptée à l'unanimité.

M. le Président. Je suis heureux de constater que toutes les résolutions ont été adoptées à l'unanimité.

Nous avons consacré notre première séance à une discussion générale qui n'a pas été inutile puisqu'elle vous a permis de déblayer le terrain et de faciliter le travail des Commissions, de faciliter surtout le vote des résolutions.

C'est un résultat dont je vous félicite.

Seules, les propositions complémentaires concernant la peste bovine présentées par M. Hutyra donneront lieu à une nouvelle réunion de la Commission, qui se mettra d'accord sur un texte qu'elle nous présentera demain.

M. Hutyra. Comme ces propositions ont été acceptées à l'unanimité par la Commission, il serait désirable que ceux des délégués qui n'y sont pas favorables assistent à la séance de la Commission.

M. le Président. M. Hutyra demande que ceux de nos collègues qui n'ont pas pris part aux travaux de la première Commission, et qui ont cru devoir faire des objections aux propositions qu'il a présentées, veuillent bien assister à la séance de la première Commission.

Il n'y a pas d'opposition à cette façon de procéder?

Il en est ainsi ordonné.

D'après l'ordre du jour qui vous a été communiqué, la séance plénière de clôture doit avoir lieu demain à 10 heures. Nos travaux ayant été plus rapides que nous ne le pensions, nous n'avons à l'ordre du jour de la prochaine séance que les conclusions de la première Commission, concernant les propositions de M. Hutyra et l'adoption des procès-verbaux. Je vous propose donc de fixer cette séance à 11 heures. (*Approbation.*)

La séance est levée à 17 h. 30.

———

RÉUNION DE LA PREMIÈRE COMMISSION.

(2ᵉ SÉANCE.)

SÉANCE DU 27 MAI 1921.

Présidence de M. LECLAINCHE.

La séance est ouverte à 17 h. 45.

M. le Président. Nous sommes réunis pour examiner les propositions complémentaires de M. Hutyra.

La première proposition de M. Hutyra est ainsi conçue :

« La Conférence recommande que la lutte contre la peste bovine soit basée sur les règles fondamentales suivantes :

« 1° Information immédiate par la voie télégraphique aux pays voisins des nouveaux foyers lors de l'apparition de la maladie dans des régions jusque-là indemnes. »

Cette proposition fait double emploi avec une autre proposition, votée dans les dispositions générales, qui est ainsi conçue :

« La Conférence estime :

« Que les renseignements sanitaires doivent être donnés par voie télégraphique lors de l'apparition de la peste bovine en région indemne et de la constatation des premiers cas de fièvre aphteuse dans un pays également indemne. »

M. Hutyra. Ce n'est pas la même chose. La décision générale de la Conférence vaut pour tous les pays. Mais s'il se déclare un nouveau foyer de maladie dans une région indemne, on doit en donner communication immédiate, par la voie télégraphique, aux pays voisins.

M. le Président. C'est une précision que nous pouvons introduire dans votre proposition.

Nous dirions que les pays voisins d'un pays infecté doivent être tenus au courant, par la voie télégraphique, de l'apparition de la maladie.

La proposition serait ainsi modifiée :

« Information immédiate, par la voie télégraphique, aux pays voisins, des nouveaux foyers, lors de l'apparition de la maladie dans des régions jusque-là indemnes. »

De cette façon, votre proposition ne fait plus double emploi avec le vœu émis par la Conférence.

M. Hutyra. Cette rédaction me donne satisfaction.

M. de Jong. Je mettrais :

« . . . aux pays voisins et intéressés. . . ».

M. de Roo. Ils sont intéressés du fait qu'ils sont voisins. Nous avons déjà pris cette mesure en Belgique.

M. Hutyra. Nous demandons qu'on la prenne partout.

M. de Jong. Si la peste bovine se déclarait en Hollande, il serait de l'intérêt de la France d'en avoir l'information télégraphique. Cependant la France n'est pas un pays voisin de la Hollande.

M. le Président. Nous aurons satisfaction, si vous nous prévenez immédiatement du premier cas de la maladie. A partir de ce moment, nous considérons la Hollande comme infectée, et nous la traitons comme telle jusqu'à ce que nous ayons l'assurance que la maladie a disparu. Mais nous n'avons pas un intérêt immédiat à être prévenus de tous les nouveaux foyers.

Au contraire, la Belgique et l'Allemagne auraient un puissant intérêt à ce que vous leur disiez :

« Dans telle commune, plus ou moins voisine de la frontière belge ou de la frontière allemande, il y a un nouveau foyer. »

Ces pays voisins, l'Allemagne et la Belgique, prendront des mesures appropriées, renforceront leur surveillance sur les points qu'ils sentent directement menacés.

C'est ce que nous avons fait pour la Belgique. Dès qu'on nous signalait un cas de maladie dans le voisinage de notre frontière, nous donnions l'alarme aux agents, sur place.

Il n'y a pas d'autres observations sur la première proposition de M. Hutyra ?. . . Je mets aux voix la proposition de M. Hutyra, modifiée dans le sens que je viens d'indiquer.

La première proposition de M. Hutyra est adoptée.

M. le Président. La deuxième proposition de M. Hutyra est ainsi conçue :

« En Europe, abatage obligatoire des bêtes bovines malades et suspectes, et aussi, le plus largement possible, des animaux contaminés quoique sains en apparence, avec une indemnisation large et immédiate. »

Nous venons de décider, en séance plénière, que nous mettrions « Cliniquement suspectes.

Cette proposition de M. Hutyra vient d'être critiquée en séance plénière. Certaines critiques, notamment celle de M. de Blieck, semblent avoir été réfutées. On ne peut pas imposer l'abatage total, indifféremment, sur tous les continents.

M. Hutyra. On pourrait dire :

« Exception faite pour des circonstances extraordinaires. »

M. Vallée. Les mots : « le plus largement possible », constituent une réserve applicable à tous les pays et à toutes les conditions.

M. le Dr Abt. D'ailleurs, il n'est pas question ici d'une mesure que l'on imposera, c'est une recommandation. Si nous ne recommandons pas l'abatage obligatoire hors d'Europe, les représentants d'un pays extra-européen manqueront d'autorité lorsqu'ils demanderont à leur Gouvernement d'imposer l'abatage s'il leur paraît utile. L'opinion unanime de la conférence me paraît être que l'abatage obligatoire est la meilleure des mesures. Il faut que cela ressorte de nos délibérations.

D'un autre côté, comme la proposition de M. Hutyra est déjà sous forme de recommandation, un pays quelconque peut ne pas l'adopter.

Nous pourrions peut-être aussi employer une autre formule et dire :

« Lors de l'apparition d'un nouveau foyer, l'abatage est obligatoire. »

Cela exclurait les pays dans lesquels la maladie existe à l'état enzootique.

M. Hutyra. Cela est impossible à appliquer aux Indes.

M. le Président. Il y a des colonies dans lesquelles il serait difficile d'exiger l'abatage.

M. de Jong. Il faut recommander l'abatage obligatoire là où il est possible de le pratiquer.

M. Vallée. Cette deuxième proposition de M. Hutyra pourrait commencer par les mots : « en principe ».

De cette façon la réserve que le délégué de la Pologne désirait voir se trouve introduite dans le texte.

M. le Président. Nous supprimerions donc les mots : « en Europe », et nous les remplacerions par les mots : « en principe ».

M. de Blieck. L'expression « en principe » me paraît tout à fait appropriée. Le principe est bon, c'est la pratique qui n'est pas toujours possible.

En Asie, chez les Hindous, on ne peut pas abattre les animaux parce qu'on se heurte à la religion.

M. de Roo. Je désirerais qu'on supprime le qualificatif « suspects ». Je n'y vois aucun avantage, je n'y vois que des inconvénients.

Quand vous êtes en milieu infecté, un animal suspect est atteint du jour au lendemain ; quand vous n'êtes pas en milieu infecté, je m'oppose à ce qu'on fasse abattre immédiatement. Je veux conserver mon animal dans un but de diagnostic. Pour moi, c'est une erreur que d'abattre immédiatement l'animal.

M. de Jong. Mais alors, nous entretenons un foyer infecté.

M. de Roo. Si vous êtes en milieu infecté, dès qu'un animal est suspect, vous pouvez le faire abattre. Le diagnostic a été fait.

Mais supposez que vous ne soyez pas en milieu infecté, on vous signale un animal suspect, un animal qui a de la température et même de la diarrhée. Vous n'êtes pas tout à fait certain au point de vue du diagnostic ; vous avez donc le plus grand intérêt à attendre deux ou trois jours, à attendre jusqu'à ce que l'animal soit près de la mort.

M. LE PRÉSIDENT. Pour donner satisfaction à M. de Roo, nous pourrions dire :
« Dans tous les milieux infectés, abatage obligatoire... »

M. DE ROO. J'accepte cette rédaction. Il est très important de marquer cette différence.

M. DE JONG. La proposition de M. Hutyra porte les mots : « abatage obligatoire »,
et non pas : « abatage immédiat ». M. de Roo peut conserver quelques jours un
animal suspect, et le faire abattre dès qu'il a la certitude que cet animal est atteint
de la peste bovine.

M. HUTYRA. Si on supprime le mot « suspect », comme le propose M. de Roo,
vous aurez l'air de dire qu'on ne devra pas abattre les animaux suspects, même
dans les milieux infectés.

M. DE BLIECK. L'abatage des animaux suspects me paraît nécessaire. J'ai pu observer la peste bovine aux Indes. J'ai vu les zébus qui arrivent à Java et à Sumatra ;
dès qu'il sont suspects, dès qu'ils ont de l'hyperthermie, on n'attend pas qu'ils
soient en pleine crise, on les fait abattre.

M. DE ROO. Mais vous nous parlez des zébus. C'est tout autre chose. J'ai fait une
réserve, dans un but de diagnostic, là où il y a suspicion, dans les régions qui ne
sont pas encore infectées.

M. VALLÉE. M. de Jong vient de faire remarquer, très justement, que le texte
ne porte pas « abatage immédiat », il dit : « abatage obligatoire » ; cela ne veut pas
dire « abatage sans délai ».
M. de Roo a satisfaction.

M. DE ROO. Du moment que vous l'interprétez ainsi, j'ai satisfaction. Mais nous
étions tellement habitués à abattre les animaux dans les quarante-huit heures,
qu'un foyer était vidé d'animaux en très peu de temps. Je tenais à protester contre
cela.

M. LE PRÉSIDENT. Avec l'interprétation donnée par M. Vallée, nous pouvons
maintenir les mots : « abatage obligatoire ».
Les délégués de la Pologne ont-ils satisfaction ?

M. NOWAK. J'insiste sur la proposition de M. Pottevin. En tête des propositions
de M. Hutyra, nous mettons : « la Conférence recommande... ».

M. LE PRÉSIDENT. Parfaitement.

M. NOWAK. La proposition de M. Vallée me donne toute satisfaction.

M. VALLÉE. Je n'ai fait aucune proposition. J'ai fait remarquer simplement que
les mots : « le plus largement possible » donnent la tolérance que vous réclamez
pour votre pays.

M. NOWAK. D'ailleurs, le mot « recommande » nous suffit. Nous sommes d'accord.

M. le Président. Je mets aux voix le texte suivant :

« En principe, abatage obligatoire des bovidés malades et cliniquement suspects, et aussi, le plus largement possible, des animaux contaminés, quoique sains en apparence, avec une indemnisation large et immédiate. »

Le texte est adopté.

M. le Président. Voici la troisième proposition de M. Hutyra.

« Interdiction de l'utilisation d'un virus actif pour l'immunisation des animaux dans des contrées indemnes ».

M. de Jong. Le mot actif ne me satisfait pas. Vous avez voulu dire que vous interdisiez l'utilisation d'un virus dangereux, d'un virus vivant.

M. Vallée. Vous pourriez mettre : « produit virulent ».

M. de Roo. Virulent ou vivant c'est la même chose.

M. de Blieck. Vous pourriez parler d'un virus atténué.

M. le Président. Un virus atténué est encore vivant; il a une virulence atténuée.

M. Bürgi. L'expression « virus actif » me semble la meilleure.

M Nowak. Un virus actif est un virus dangereux.

M. le Président. Nous n'avions pas adopté le mot « virus atténué » parce que M. Ostertag avait fait observer qu'un virus atténué pouvait récupérer son activité. Peut-être faut-il en revenir à l'expression : « produit virulent ».

M. Abt. Vous pouvez aussi discuter sur le mot virulent. Un produit est plus ou moins virulent.

M. le Président. Nous parlons d'un produit qui est capable de provoquer une évolution virulente.

M. Abt. Un produit vivant en est capable, le produit qui n'est pas vivant n'en est pas capable. Le mot vivant me semble le plus heureux.

M. le Président. Je propose l'expression : « virus vivant ».

M. de Jong. Vous ne pouvez pas immuniser un animal avec un virus qui n'est pas actif. Un virus dangereux est autre chose.

M. le Président. Nous admettons que le virus, même atténué, peut être dangereux, parce qu'il peut se trouver dans des conditions telles qu'il produise une évolution virulente. C'est ce qui arrive à peu près pour tous les vaccins. Des virus atténués produisent de violentes secousses, vous en avez un exemple dans les accidents de vaccination. Voulez-vous accepter l'expression : « virus vivant » ?

Sir Stewart STOCKMAN. Vous pouvez exclure le virus atténué.

M. DE JONG. Nous devons défendre d'employer un virus dangereux.

M. VALLÉE. Il peut ne pas l'être à l'origine et le devenir par la suite.

M. ABT. Quelqu'un peut prétendre que son produit n'est pas virulent jusqu'au jour où il arrive un accident.

M. NOWAK. Alors, mettez : «produit virulent».

M. LE PRÉSIDENT. On pourrait vous dire que l'atténuation du virus est telle que le produit a cessé d'être virulent.

M. ABT. Supposez qu'une maison fabrique des produits de ce genre et qu'elle veuille en lancer un. Elle dira que son produit n'est pas virulent. On fera des expériences et on constatera qu'il n'est pas virulent; mais, en fait, au bout d'un mois ou deux, il sera virulent et il y aura des accidents. On ne peut pas dire qu'un produit n'est pas virulent à moins qu'il ne soit tué. Tant qu'il est vivant, il peut être virulent.

M. OSTERTAG. Il n'y a qu'à revenir à notre première expression de «virus actif».

Sir Stewart STOCKMAN. J'ai inoculé 5o animaux avec du virus de zébus. Sur ces 5o animaux, 7 seulement ont été infectés. Par conséquent, ce produit a été virulent pour 7 bêtes et il ne l'a pas été pour les autres.

M. LE PRÉSIDENT. Alors mettez « virus vivant ».

M. DE ROO. C'est presque un pléonasme.

M. DE JONG. Si vous dites que vous interdisez l'emploi d'un virus vivant, cela veut dire qu'on ne pourra employer qu'un virus tué et pas d'autre. Or, pour immuniser, il ne faut pas un virus tué : il faut un virus actif.

M. VALLÉE. Ou une autre méthode que celle qui met en œuvre un virus.

M. DE JONG. Vous avez voulu interdire un virus qui peut propager la maladie par la voie naturelle.

M. LE PRÉSIDENT. Je vous propose la rédaction suivante :

« Interdiction de l'utilisation d'un produit virulent ou susceptible de récupérer la virulence pour l'immunisation des animaux dans des contrées indemnes. »

La proposition de M. Hutyra, ainsi modifiée, est adoptée.

M. LE PRÉSIDENT. Dernière proposition :

« Interdiction de la production industrielle des sérums et vaccins contre la peste bovine dans des contrées indemnes, exception faite pour les établissements scientifiques. »

Sir Stewart STOCKMAN. Je propose qu'on ajoute :

« Établissements scientifiques contrôlés par l'État. »

La proposition de M. Hutyra avec l'adjonction de Sir Stewart Stockman est mise aux voix et adoptée.

La séance est levée à 18 h. 15.

RÉUNION DE LA TROISIÈME SÉANCE PLÉNIÈRE.

SÉANCE DU 28 MAI 1921.

PRÉSIDENCE DE M. MASSÉ.

La séance est ouverte à 11 heures.

M. LE PRÉSIDENT. Avant d'aborder les questions portées à notre ordre du jour, je dois vous donner lecture d'une lettre que je viens de recevoir et qui est signée du Président de la Délégation tchéco-slovaque :

« Monsieur le Président, j'ai l'honneur, au nom de la République tchéco-slovaque, de vous transmettre ci-joint un film qui présente, au point de vue vétérinaire, un certain intérêt. Le sujet de ce film est la représentation de quelques maladies contagieuses, spécialement de quelques cas-types de la peste bovine. Je serais très heureux si ce film pouvait être présenté à MM. les Membres de la Conférence internationale des épizooties. Étant persuadé que ce film pourra être utilisé par les Instituts et Écoles vétérinaires comme un film documentaire, je vous prie de vouloir bien l'accepter. »

Voici ce film.

Au nom de la Conférence tout entière, j'adresse mes remerciements à la Délégation tchéco-slovaque. M. Calmette a bien voulu téléphoner à l'Institut Pasteur afin qu'on fasse l'impossible pour faire passer ce soir sous vos yeux, après la visite de l'Institut, le film qui vient de nous être remis.

Je remercie encore au nom de l'Assemblée et en mon nom personnel la Délégation tchéco-slovaque (*Applaudissements.*)

Nous arrivons à l'ordre du jour de la séance d'aujourd'hui.

Hier, au cours de notre réunion, nous avons renvoyé à la première Commission, qui les avait déjà examinées, les propositions complémentaires présentées par M. le Dr Hutyra en ce qui concerne la peste bovine.

La Commission a rédigé un texte nouveau que vous avez tous sous les yeux et qui est ainsi conçu :

« La Conférence recommande que la lutte contre la peste bovine soit basée sur les règles fondamentales suivantes :

« 1° Information immédiate, par la voie télégraphique, aux pays voisins, des nouveaux foyers lors de l'apparition de la maladie dans des régions jusque-là indemnes;

« 2° En principe, abatage obligatoire des bovidés malades et cliniquement suspects, et aussi, le plus largement possible, des animaux contaminés quoique sains en apparence, avec une indemnisation large et immédiate;

« 3° Interdiction de l'utilisation d'un produit virulent ou susceptible de récupérer la virulence pour l'immunisation des animaux dans des contrées indemnes;

« 4° Interdiction de la production industrielle des sérums et vaccins contre la peste bovine dans des contrées indemnes, exception faite pour les établissements scientifiques contrôlés par l'État. »

En ouvrant la discussion, permettez-moi d'appeler votre attention sur les modifications qui ont été apportées à ces propositions.

Dans la formule de tête, au lieu de : « La conférence émet le vœu », on a mis : « La Conférence recommande ».

Dans le premier paragraphe, après les mots : « Information immédiate par la voie télégraphique », on a ajouté : « aux pays voisins, des nouveaux foyers ». Pour le reste de la phrase, le texte primitif a été conservé.

Dans le second paragraphe, au lieu de « En Europe », on a mis « En principe ». Avant le mot « suspects », on a ajouté « cliniquement ».

Dans le troisième paragraphe, on a remplacé les mots « d'un virus actif » par les mots « d'un produit virulent ou susceptible de récupérer la virulence ».

Dans le quatrième paragraphe, on a ajouté à la fin : « contrôlés par l'État ».

La parole est à M. Beyro, délégué de la République Argentine.

M. LE Dr BEYRO. Permettez-moi de présenter une observation en ce qui concerne le premier paragraphe.

Il y a un grand intérêt, même pour les pays éloignés, à être informés télégraphiquement de l'existence de la peste bovine. La République Argentine a intérêt à connaître la situation, au point de vue de la peste bovine, même des pays qui n'ont pas avec elle des relations fréquentes, c'est-à-dire de pays qui n'envoient pas à la République Argentine des animaux, parce qu'elle peut être en relations avec des pays voisins du pays infecté.

En ce qui concerne les pays auxquels nous achetons des animaux, si nous ne sommes pas informés télégraphiquement de la présence de la peste bovine dans ces pays, il est possible que nous ne connaissions leur situation sanitaire qu'après que les animaux ont été embarqués et sont en route pour l'Argentine. Cela peut avoir de graves conséquences pour le commerce.

M. HUTYRA. Ce que vous demandez est prévu. Il a été décidé hier que, lorsque la maladie apparaîtra dans un pays indemne, tous les pays devront en être informés télégraphiquement. Dans la proposition qui vous est soumise, il ne s'agit pas de cela, il s'agit de l'apparition de nouveaux foyers dans un pays déjà infecté. Dans ce cas, l'information télégraphique devra être faite aux pays voisins.

M. LE PRÉSIDENT. Personne ne demande la parole sur ce paragraphe?..,

Je le mets aux voix.

Le paragraphe est adopté à l'unanimité.

M. LE PRÉSIDENT. Nous passons au deuxième paragraphe.

La parole est à M. Calmette.

M. LE Dr CALMETTE. Il me semble qu'il y aurait intérêt à supprimer le membre de phrase : « et aussi, le plus largement possible, des animaux contaminés quoique sains en apparence ». Car si on prépare du sérum pour lutter contre la peste bovine, on peut utiliser ce sérum pour traiter les animaux contaminés quoique sains en apparence; pourquoi donc obliger ou inciter à les abattre? Il y a, au contraire, un intérêt économique évident à conserver ces animaux.

Il me semble donc préférable de rédiger le paragraphe ainsi :

« En principe, abatage obligatoire des bovidés malades et cliniquement suspects, avec une indemnisation large et immédiate. »

M. le D' BISANTI. La proposition de M. Calmette me semble acceptable; cependant il peut y avoir une période dans laquelle il y aurait intérêt à faire jouer la disposition dont il demande la suppression. Il peut se produire qu'un pays indemne et n'ayant pas de sérum, soit infecté. Pendant la première période, si ses services sanitaires ne peuvent pas avoir de sérum à leur disposition, il y a intérêt à abattre les contaminés.

En principe, les contaminés doivent être abattus, la pratique l'a confirmé. Lorsque les pays ont du sérum, ils peuvent examiner s'ils doivent s'engager dans la voie tracée par M. Calmette, mais en principe l'abatage est une mesure excellente.

M. LE PRÉSIDENT. La parole est à M. Pottevin.

M. LE D' POTTEVIN. J'appuie la proposition de M. Calmette. J'estime que la prophylaxie qu'on nous propose de recommander est un peu trop brutale. Qu'il faille abattre les animaux malades et cliniquement suspects, il n'y a pas de doute à ce sujet; mais lorsque nous nous trouvons en présence d'animaux qui n'ont aucun des signes de la maladie, qui sont simplement susceptibles d'avoir été contaminés par contact direct ou indirect avec des malades et des suspects, l'abatage est une mesure excessive. Il offre, il est vrai, une grande sécurité ; on ne peut faire aucune objection à ce genre de prophylaxie du point de vue de la lutte contre la maladie ; mais du point de vue économique il en va tout autrement. Cela peut entraîner très loin, surtout dans des pays où le cheptel est très réduit. Cela peut avoir des conséquences extrêmement graves. Si j'avais à donner un conseil à des pays dont le cheptel est très réduit, je les pousserais vers des méthodes de prophylaxie moins absolues, mais moins onéreuses ; je leur recommanderais, par exemple, de maintenir en isolement et en observation les animaux suspects d'avoir été en contact avec des malades ou des suspects. L'isolement est une mesure prophylactique qu'on emploie beaucoup en médecine humaine où la question de l'abatage ne se pose pas. L'isolement, une observation rigoureuse, donnent d'excellents résultats.

En ce qui concerne la peste bovine, c'est moins sûr que l'abatage ; mais c'est un moyen terme auquel on peut avoir recours utilement, me semble-t-il, lorsque l'abatage présente des inconvénients économiques trop grands.

Pour cette raison, je ne voudrais pas que la recommandation de la Conférence ait l'air d'exclure d'une façon systématique et, par conséquent, de déclarer absolument inopérantes, des mesures de prophylaxie telles que l'observation...

M. HUTYRA. Non !

M. POTTEVIN. J'entends bien qu'on ne les exclut pas explicitement; mais le fait qu'on ne parle, en matière de prophylaxie, que de l'abatage, semble indiquer qu'en dehors de l'abatage on admet qu'il n'y a rien d'efficace. C'est un peu absolu. L'abatage est la meilleure des méthodes, c'est incontestable ; mais si la Conférence a l'air de dire qu'en dehors de l'abatage, il n'y a pas de moyens de lutte, les pays qui, en raison de conditions économiques, ne peuvent pas envisager l'abatage, croiront qu'ils ne peuvent rien faire. C'est aller un peu loin.

Pour ne pas compliquer le texte en spécifiant l'isolement, je me rallie à la proposition, faite par M. Calmette, de supprimer les mots : « et aussi le plus largement possible des animaux contaminés quoique sains en apparence ».

M. LE PRÉSIDENT. La parole est à M. Leclainche.

M. LECLAINCHE. La Conférence poursuit en ce moment une œuvre vaine parce qu'irréalisable.

Nous avons essayé, sur la demande de notre collègue M. Hutyra, d'insérer en quelques formules très brèves, en quelques lignes, sinon en quelques mots, tous les systèmes de prophylaxie de la peste bovine. Or, les conditions de cette prophylaxie sont éminemment variables suivant les circonstances. Elles étaient variables dans le passé et, à l'heure actuelle, des circonstances nouvelles sont introduites qui multiplient encore les modalités possibles de l'intervention ; je fais allusion à l'intervention éventuelle de l'immunisation par la sérothérapie.

M. le D' Pottevin demande à la Conférence de renoncer à l'abatage des contaminés. Je lui fais observer que c'est une formule qui a été introduite sans conteste dans toutes les législations. La législation française, comme les autres, prévoit avec infiniment de raison, l'abatage total des malades et des contaminés.

Que telles circonstances puissent se produire, en certains pays, à certains moments, sous certaines conditions, même dans notre pays si nous avons la ressource de la sérothérapie, où cette indication de l'abatage des contaminés pourra ne pas être remplie, je l'admets. Mais le principe général, le principe fondamental de toute action contre la peste bovine, doit rester intangible : c'est l'abatage des malades et des contaminés.

Pour ma part, je préférerais de beaucoup que la Conférence renonçât à introduire aucune indication en ce qui concerne la peste bovine plutôt que d'accepter le texte réduit qui a été proposé. (*Applaudissements.*)

M. LE PRÉSIDENT. La parole est à M. de Jong.

M. DE JONG. — Je partage l'opinion de M. Leclainche et je suis sûr que notre inspection vétérinaire des Pays-Bas est aussi de cet avis. Néanmoins, il ne faut pas oublier que la science travaille et il faut laisser la porte ouverte aux changements dès que les résultats scientifiques le permettent. C'est pourquoi, je voudrais proposer un amendement auquel j'espère que M. Calmette pourra se rallier.

Je demande qu'on ajoute, après les mots : « cliniquement suspects », les mots « et aussi, autant qu'il est reconnu nécessaire », le plus largement..., etc. Cette rédaction laisse intactes les observations que M. Leclainche a faites et cela permet de se conformer dans l'application des mesures aux données nouvelles de la science.

M. LE PRÉSIDENT. La parole est à M. de Blieck.

M. DE BLIECK. Je suis d'accord avec M. Leclainche pour penser que nous devons exprimer ici un principe. Lorsque, dans un pays, un nouveau foyer de peste bovine éclate, si nous inoculons les animaux avec du sérum, ce principe n'est pas appliqué. Mais d'autre part les vaches inoculées avec du sérum peuvent être malades quelque temps, présenter des symptômes très légers. Si on ne les observe pas, c'est regrettable au point de vue des mesures de police sanitaire à prendre pour combattre la maladie.

Nous devons affirmer le principe, et ce principe sera suivi autant que les circonstances le permettront dans les différents pays.

M. Hutyra. Tout récemment, en Belgique, en Italie, en Galicie, il a été prouvé qu'on peut lutter avec succès contre la peste bovine et en amener l'extinction dans un temps très court au moyen des mesures recommandées dans cette proposition. La Belgique était très gravement envahie; cependant, en quelques mois, elle a obtenu d'excellents résultats. Je suis convaincu qu'il n'en aurait pas été ainsi si on n'avait pas abattu aussi les contaminés. Lorsque se produisent des foyers nouveaux et au début des épizooties, l'abatage est indispensable. Il y a des circonstances qui ne le permettent pas. Dans quelques parties de la Pologne, par exemple, c'est irréalisable. C'est pourquoi je me rallie à l'amendement présenté par M. de Jong, qui donnera peut-être satisfaction à M. Calmette.

M. Calmette. Je me rallie à l'amendement de M. de Jong.

M. Pottevin. Nous l'acceptons.

M. Bürgi. J'appuie les propositions faites par M. Leclainche. Les mesures recommandées au paragraphe 2 sont déjà contenues dans la plupart des législations concernant les épizooties. La Commission a longuement discuté pour trouver une rédaction. Nous pensions avoir trouvé une formule susceptible d'être admise par tous, puisqu'il n'y a pas obligation absolue.

M. le Président. La parole est à M. de Roo.

M. de Roo. Quelles que soient les circonstances, j'estime qu'au début l'abatage est la mesure la plus économique. J'espère qu'aucun pays ne se trouvera jamais dans une situation aussi grave que la Belgique. En effet, 1,237 animaux américains contaminés ont été répartis dans toute la Belgique et, pour comble de malheur, on avait concentré dans l'abattoir de Gand des bêtes provenant de la récupération allemande, dont 90 y ont été contaminés et ont été répartis.

Les animaux américains avaient été abattus, mais ils avaient présenté, dans 14 abattoirs, de la peste bovine. C'est une situation qui, au début, ne se présentera certainement plus dans aucun pays. Je ne sache pas qu'on trouve trace d'une infection aussi grave dans la littérature.

Étant donné le succès que nous avons obtenu par l'abatage auquel on procédait très rapidemment, nous ne pouvons pas admettre la proposition de M. Calmette; dans tous les cas, nous ne pouvons pas l'admettre pour le début de l'infection.

J'admets qu'en Pologne, dans ce vaste pays sans organisation sanitaire suffisante, on vaccine, qu'on fasse de la sérothérapie; mais dans un pays ayant une bonne organisation sanitaire, ce serait une erreur.

Je propose donc à la Conférence d'adopter la proposition telle qu'elle a été libellée par la Commission.

M. le Dr Calmette. Puisque M. de Roo admet que, dans certaines circonstances on puisse immuniser les animaux, je ne vois pas pourquoi il ne se rallierait pas à la proposition de M. de Jong. En fait, il s'y rallie.

Nous disons, M. de Jong et moi : « et aussi autant qu'il est reconnu nécessaire », c'est-à-dire, dans certaines circonstances, possibilité de pratiquer l'immunisation par les procédés qu'on jugera bons. C'est le cas de la Pologne, cité par M. de Roo.

M. de Roo. Je me rallie à la proposition de M. de Jong.

M. Nowak. Les conclusions de la Conférence n'empêcheront aucun Gouvernement de prendre les mesures les plus sévères. La proposition de la Commission s'applique toujours dans le cas où on n'aura pas de sérum ; il appartiendra à notre institution d'avoir des quantités de sérums suffisantes.

Je me rallie aussi à la proposition de M. de Jong.

M. le Président. La parole est à M. Bisanti.

M. Bisanti. Étant donné qu'il s'agit d'une recommandation et d'un principe général, j'estime que nous devrions conserver le texte établi par la Commission. Il est de toute utilité que dans cette Conférence soit affirmé avec force que l'abatage est fondamental dans la lutte contre la peste bovine ; d'autant plus que l'épidémiologie de la maladie et surtout la séro-immunisation pratiquée dans les pays coloniaux nous ont montré que si ces méthodes ont l'avantage de combattre la maladie, elles contribuent à maintenir la peste bovine.

Par conséquent, étant donné qu'il s'agit de donner une indication de principe, il est utile que cette Conférence établisse que l'abatage est la mesure fondamentale dans la lutte contre la peste bovine.

M. le Président. La parole est à M. Leclainche.

M. Leclainche. Nous pourrions nous mettre d'accord sur un texte que M. Calmette admettra sans doute.

D'abord, maintenir le principe de l'abatage des malades et des contaminés. C'est un principe auquel nous sommes tous très attachés et qui a fait ses preuves dans l'application. Nous vous demanderons cependant d'établir cette correction : « Sauf dans des circonstances ou des conditions spéciales ».

Circonstances spéciales : cas d'un pays où la population animale est très peu dense, ce qui diminue les dangers de la propagation.

Conditions spéciales : emploi de méthodes d'immunisation.

En somme, maintenir le principe et admettre des exceptions à ce principe dans des cas particuliers. Cela devrait donner satisfaction à M. Bisanti.

M. Bisanti. Dans la phrase « le plus largement possible », il me semble que le mot possible implique une restriction.

M. Pottevin. En donnant au mot « possible » la signification naturelle qu'en donne M. Bisanti, on peut admettre que le texte qui nous est soumis donne satisfaction aux observations de M. Calmette, à celles de M. de Jong, de M. Leclainche et à celles que j'ai présentées moi-même. En effet, tout d'abord nous recommandons et nous ajoutons « le plus largement possible ». Avec cette interprétation qui donne bien au texte la signification que M. Calmette demandait, nous pourrions nous y rallier.

M. Calmette. J'accepte.

M. de Jong. Je retire mon amendement.

M. Leclainche. Je retire aussi le mien.

M. le Président. Nous sommes en présence d'un texte dans lequel M. Calmette a demandé la suppression d'un membre de phrase ; deux amendements ont été ensuite présentés, l'un par M. de Jong, l'autre par M. Leclainche. L'amendement de M. de Jong est retiré, celui de M. Leclainche aussi. On ne demande plus la suppression du membre de phrase incriminé.

Je mets donc aux voix le texte proposé par la Commission.

Le texte est adopté à l'unanimité.

Nous passons au paragraphe 3°.

Personne ne demande la parole ?...

Je le mets aux voix.

Le paragraphe est adopté à l'unanimité.

M. LE PRÉSIDENT. Nous arrivons au paragraphe 4°.

Personne ne demande la parole ?

Je le mets aux voix.

Le paragraphe est adopté à l'unanimité.

M. LE PRÉSIDENT. La parole est à M. le Secrétaire pour vous donner lecture des procès-verbaux des séances de la Conférence.

Il est donné lecture des procès-verbaux.... (*Applaudissements.*)

M. LE PRÉSIDENT. Personne ne demande la parole sur les procès-verbaux ?...

Je les mets aux voix.

Les procès-verbaux sont adoptés à l'unanimité.

M. LE PRÉSIDENT. Messieurs, la Conférence a terminé ses travaux. Je tiens à vous remercier pour la façon dont vous avez simplifié la tâche du Président. Nos discussions ont été approfondies, mais nous avons toujours conservé le calme qui convient aux sujets que nous traitons. Vous me permettrez de souligner ce fait qui, je crois, est assez rare dans l'histoire des Conférences internationales, que toutes vos décisions ont été prises à l'unanimité.

Tout à l'heure, pendant la discussion du second paragraphe des propositions de M. Hutyra, j'avoue que j'ai conçu quelques craintes et que je me demandais si la belle unanimité qui avait présidé à nos travaux jusque-là serait conservée jusqu'à la fin. Grâce à l'esprit de conciliation, grâce aussi à la lumière qui a jailli de la discussion, nous avons reconnu que le texte qui avait été rédigé par la Commission et qui vous était présenté, disait bien tout ce que voulaient lui faire dire les auteurs d'amendements par les phrases additionnelles qu'ils proposaient. Et vous avez voté à l'unanimité le texte de la Commission.

Messieurs, la Conférence peut être fière de l'œuvre qu'elle vient d'accomplir.

Nous avons, en ce qui concerne les mesures d'ordre sanitaire à prendre par les différents États pour combattre les maladies épizootiques, posé ou rappelé un certain nombre de principes dont les États, certainement, ne s'écarteront pas plus dans l'avenir qu'ils ne l'ont fait dans le passé.

Nous avons ajouté à ces principes un certain nombre de recommandations que l'expérience a montrées nécessaires. Là encore, nous pouvons être assurés que les Gouvernements, chacun de son côté, s'efforceront de tenir compte des recommandations qui ont été faites et adoptées, je le répète, à l'unanimité.

Vous avez, en outre, indiqué que pour combattre les maladies il ne fallait pas se borner à des mesures de police sanitaire et que c'était surtout par des recherches scientifiques poursuivies dans les laboratoires que des résultats efficaces pouvaient être obtenus.

Vous avez tracé d'une façon très large, mais suffisamment nette et précise, le programme de ces recherches et vous avez surtout, ce qui rentre très bien dans le cadre et dans les attributions d'une conférence internationale comme celle-ci, mais ce qui est un progrès considérable qu'il faut noter et dont il faut nous féliciter, vous avez décidé qu'il y aurait des rapports constants entre les chercheurs, entre les savants des divers pays pour que les résultats de leurs recherches soient le plus rapidement possible communiqués à tous les autres chercheurs et à tous les autres savants des pays étrangers, de façon que chacun puisse profiter des découvertes faites par les autres et aussi, grâce à l'amendement de M. Calmette, pour que dans certains pays des savants ne perdent pas leur temps à continuer des recherches déterminées, alors que, par ailleurs les résultats auront prouvé qu'aucun résultat positif ne peut être obtenu dans cette voie.

A ce point de vue, votre œuvre est d'importance ; mais elle l'est également à un autre point de vue.

Vous venez de décider qu'à Paris se tiendrait en permanence un Bureau chargé, en ce qui concerne les maladies épizootiques, de procéder de la même façon que le fait le Bureau international d'hygiène pour la protection de la santé humaine. Lorsqu'on constate les heureux résultats obtenus par le Bureau d'hygiène, on peut avoir la certitude qu'en ce qui concerne la lutte contre les maladies épizootiques, nous obtiendrons, par le procédé que vous avez adopté, des succès que nous serons heureux d'enregistrer dans l'avenir.

Vous avez ensuite décidé que ce Bureau permanent ne serait pas seulement chargé de surveiller, de contrôler ce qui se fait. Vous avez voulu qu'il ait une vie propre et qu'il soit un instrument susceptible de renseigner exactement toutes les Puissances sur la situation sanitaire dans le monde entier.

Vous avez décidé la publication d'un Bulletin international, paraissant à des dates aussi rapprochées que possible et contenant tous les éléments d'information qui sont si précieux. Vous savez bien que dans la lutte contre les maladies épizootiques un des facteurs les plus essentiels est celui qui nous donne les renseignements le plus rapidement possible, de façon à prendre sans aucun délai les mesures nécessaires ? Lorsque les mesures sont prises dès l'apparition du fléau, il est le plus souvent facile de le combattre ; mais si, pour une raison ou pour une autre, on n'est pas exactement renseigné, si le diagnostic n'est pas fait immédiatement d'une façon certaine et si des mesures de protection ne sont pas prises dès la première heure, le mal risque de s'étendre, de se propager, et il devient beaucoup plus difficile de le combattre avec succès.

Enfin, Messieurs, vous avez décidé que la Conférence que vous venez de tenir ne serait pas, comme l'a été celle qui s'est réunie à Vienne en 1871, un fait isolé, et que périodiquement, régulièrement, des conférences analogues seraient tenues, où les questions nouvelles qui se posent pourraient être étudiées, examinées et débattues, en même temps que continuerait l'étude des questions qui ont déjà été posées.

Dans le discours que j'ai prononcé au début de nos travaux, je vous disais que cette Conférence pouvait être le point de départ de progrès nombreux. J'en ai aujourd'hui la certitude ; grâce à votre effort, à votre labeur, grâce à l'esprit scientifique qui vous a animés pendant tout le cours de nos délibérations, nous avons posé un certain nombre de principes qui, dans l'avenir, porteront leurs fruits. L'œuvre de la Conférence est une œuvre dont nous avons le droit d'être fiers. Permettez-moi, puisque vous m'avez fait l'honneur de m'appeler à diriger vos travaux, d'en reporter sur vous tout le mérite et de vous féliciter de votre travail et de l'œuvre que vous venez d'accomplir.

Je suis sûr d'être l'interprète de tous les membres de la Conférence en adressant tous leurs remerciements à M. l'inspecteur général DROUIN et à MM. les professeurs NICOLAS et PANISSET qui ont dirigé avec perfection le service du secrétariat. (*Applaudissements*).

M. NOWAK. Nous sommes tous très reconnaissants au Gouvernement français d'avoir pris l'initiative de créer une institution internationale qui peut être d'une grande portée économique et aussi scientifique. Je crois exprimer les sentiments de tous les Membres de la Conférence en remerciant vivement le Gouvernement. Nous, Polonais, nous avons de cette reconnaissance envers la France un sentiment profond et cordial. Je ne peux donc pas m'empêcher de vous prier, Monsieur le Président, de vouloir bien accueillir de ma patrie resurgie l'expression de son dévouement sincère pour la grande et magnanime nation française. (*Applaudissements.*)

M. LE PRÉSIDENT. Je suis très sensible aux paroles que vous venez de prononcer et je vous en remercie.

Personne ne demande plus la parole?.... Je prononce la clôture de la première Conférence internationale des épizooties.

La séance est levée à 12 h. 30.

RÉSOLUTIONS ADOPTÉES.

PESTE BOVINE.

La **Conférence** estime :

1° Qu'en raison de l'incertitude de nos connaissances sur la résistance des animaux réceptifs et des variations dues à l'espèce, à la race ou à des circonstances individuelles, l'introduction des ruminants et des porcs en provenance de régions qui ne sont pas certainement indemnes constitue un danger qui justifie des mesures de prohibition ;

2° Qu'il y a lieu de poursuivre des recherches expérimentales sur les modes de la contagion, sur la réceptivité des diverses populations animales, sur la virulence des divers produits animaux, sur les dangers qui peuvent résulter du transport du virus par des animaux guéris ou sains en apparence, et, d'une façon générale, sur tout ce qui concerne l'étude expérimentale de la peste bovine.

La **Conférence** recommande que la lutte contre la peste bovine soit basée sur les règles fondamentales suivantes :

1° Information immédiate, par la voie télégraphique, aux pays voisins, des nouveaux foyers lors de l'apparition de la maladie dans des régions jusque-là indemnes ;

2° En principe, abatage obligatoire des bovidés malades et cliniquement suspects, et aussi, le plus largement possible, des animaux contaminés quoique sains en apparence, avec une indemnisation large et immédiate ;

3° Interdiction de l'utilisation d'un produit virulent ou susceptible de récupérer la virulence pour l'immunisation des animaux dans des contrées indemnes ;

4° Interdiction de la production industrielle des sérums et vaccins contre la peste bovine dans des contrées indemnes, exception faite pour les Etablissements scientifiques contrôlés par l'État.

FIÈVRE APHTEUSE.

La **Conférence** estime :

1° Qu'il y a lieu de poursuivre activement les recherches sur l'étude de la fièvre aphteuse, notamment dans le but de réaliser des méthodes scientifiques de traitement ou d'obtenir l'immunisation pratique des animaux exposés ;

2° Qu'il est désirable que, sans porter aucune atteinte à l'indépendance des investigateurs, des relations s'établissent entre les divers laboratoires spécialisés dans l'étude de la fièvre aphteuse et que les résultats, même négatifs ou partiels, acquis dans le laboratoire ou dans la pratique, soient aussitôt communiqués et centralisés.

DOURINE.

La Conférence estime :

1° Qu'une surveillance attentive et prolongée doit être exercée dans tous les pays sur la constatation éventuelle de foyers de la maladie ;

2° Que les recherches concernant le traitement, les méthodes pratiques du diagnostic de la dourine et la persistance du virus chez les animaux guéris en apparence, doivent être poursuivies, et que les résultats obtenus doivent être aussitôt communiqués.

La Conférence recommande :

1° Que dans les régions menacées, les étalons soient recensés et soumis à une visite sanitaire mensuelle ;

2° Que, dans les mêmes régions, toutes les juments ou ânesses déjà saillies ou destinées à être présentées à l'étalon soient recensées et soumises également à une visite sanitaire mensuelle.

RENSEIGNEMENTS SANITAIRES ET BULLETINS SANITAIRES.

La Conférence estime :

1° Que les renseignements sanitaires doivent être donnés par voie télégraphique à tous les pays adhérents à la Conférence, lors de l'apparition de la peste bovine en région indemne et de la constatation des premiers cas de fièvre aphteuse dans un pays également indemne ;

2° Que des bulletins périodiques imprimés doivent être rédigés suivant un modèle uniforme fournissant obligatoirement des renseignements sur la présence et l'extension des maladies suivantes :

Peste bovine ;
Fièvre aphteuse ;
Peripneumonie contagieuse ;
Fièvre charbonneuse ;
Clavelée ;
Rage ;
Morve ;
Dourine ;
Peste du porc ;

3° Que ces renseignements doivent mentionner, pour chaque province ou département envahi :

a) Le nombre des communes et des exploitations encore infectées au début de la période envisagée ;

b) Le nombre des communes et des exploitations infectées pendant la période considérée et, si possible, le nombre, par espèce, des malades et des contaminés ;

4° Que les bulletins doivent être publiés le 1ᵉʳ et le 15 de chaque mois ; qu'ils doivent être expédiés dix jours au plus après les dates de leur publication, de telle façon qu'ils parviennent sans aucun retard aux Gouvernements et à leurs Administrations ou Services intéressés.

MESURES À L'EXPORTATION.

La Conférence émet l'avis :

Que les animaux ainsi que les produits animaux dangereux, pour être exportés d'un pays à l'autre, doivent être accompagnés d'un « certificat d'origine et de santé », délivré, sous la responsabilité du pays exportateur, par un vétérinaire d'État ou agréé par l'État.

Le texte du certificat sera étudié dans chaque pays et les différents textes seront examinés dans une Conférence ultérieure, de façon à aboutir à la rédaction d'une formule appropriée, qui sera soumise à l'approbation des délégués des pays adhérents.

BUREAU INTERNATIONAL.

La Conférence émet le vœu :

Que soit créé à Paris un Office international pour la lutte contre les maladies infectieuses des animaux.

Il aura essentiellement pour objet :

a) De recueillir et de porter à la connaissance des Gouvernements et de leurs Administrations sanitaires les faits et documents d'un intérêt général concernant la marche des maladies épizootiques et les moyens employés pour les combattre ;

b) De provoquer et de coordonner toutes recherches ou expériences intéressant la pathologie ou la prophylaxie de toutes maladies infectieuses des animaux pour l'exécution desquelles il y a lieu de faire appel à la collaboration internationale ;

c) D'étudier les projets d'accords internationaux relatifs à la police sanitaire des animaux, et de mettre à la disposition des gouvernements signataires de ces accords les moyens d'en contrôler l'exécution.

Il sera placé sous l'autorité d'un Comité composé des Délégués techniques des divers États, qui se réunira périodiquement au moins une fois par an. Sous réserve de l'approbation des Gouvernements adhérents à la Convention internationale de Rome du 9 Décembre 1907, il sera rattaché à l'Office international d'hygiène publique.

La Conférence émet le vœu :

Que le Gouvernement français prépare un projet de Convention sur les bases des résolutions adoptées par elle, communique ce projet à tous les pays représentés à la Conférence et invite les Gouvernements intéressés à désigner des plénipotentiaires pour la signature de ladite Convention, dans le plus bref délai possible.

La Conférence donne mandat :

A MM. Lutrario, Pottevin et Leclainche de se mettre à la disposition des autorités françaises qualifiées pour leur faciliter l'achèvement de ce projet de Convention.

Toutes ces résolutions ont été adoptées à l'unanimité.